BestMasters

Mit „BestMasters“ zeichnet Springer die besten Masterarbeiten aus, die an renommierten Hochschulen in Deutschland, Österreich und der Schweiz entstanden sind. Die mit Höchstnote ausgezeichneten Arbeiten wurden durch Gutachter zur Veröffentlichung empfohlen und behandeln aktuelle Themen aus unterschiedlichen Fachgebieten der Naturwissenschaften, Psychologie, Technik und Wirtschaftswissenschaften. Die Reihe wendet sich an Praktiker und Wissenschaftler gleichermaßen und soll insbesondere auch Nachwuchswissenschaftlern Orientierung geben.

Springer awards "BestMasters" to the best master's theses which have been completed at renowned Universities in Germany, Austria, and Switzerland. The studies received highest marks and were recommended for publication by supervisors. They address current issues from various fields of research in natural sciences, psychology, technology, and economics. The series addresses practitioners as well as scientists and, in particular, offers guidance for early stage researchers.

Weitere Bände in der Reihe http://www.springer.com/series/13198

Julian Ilg

Systematische Eignungsanalyse zum Einsatz additiver Fertigungsverfahren

Anwendung am Beispiel der Medizintechnik

Mit einem Geleitwort von Prof. Dr.-Ing. Albrecht Oehler

Springer Gabler

Julian Ilg
Durchhausen, Deutschland

ISSN 2625-3577 ISSN 2625-3615 (electronic)
BestMasters
ISBN 978-3-658-24630-3 ISBN 978-3-658-24631-0 (eBook)
https://doi.org/10.1007/978-3-658-24631-0

Die Deutsche Nationalbibliothek verzeichnet diese Publikation in der Deutschen Nationalbibliografie; detaillierte bibliografische Daten sind im Internet über http://dnb.d-nb.de abrufbar.

Springer Gabler

Springer Gabler ist ein Imprint der eingetragenen Gesellschaft Springer Fachmedien Wiesbaden GmbH und ist ein Teil von Springer Nature
Die Anschrift der Gesellschaft ist: Abraham-Lincoln-Str. 46, 65189 Wiesbaden, Germany

Danksagung

An dieser Stelle möchte ich all jenen danken, die durch ihre fachliche und persönliche Unterstützung zum Gelingen dieser Masterarbeit beigetragen haben.

Ganz besonders danke ich Herrn Prof. Dr.-Ing. Albrecht Oehler, der mich durch seine ausgezeichnete Betreuung stets gefördert hat. Durch die von ihm angeregten, konstruktiven Diskussionen sowie die fordernde Arbeitsatmosphäre konnte die Qualität dieser Arbeit erreicht werden.

Weiterer Dank gilt Herrn Prof. Dr.-Ing. Dominik Lucke für sein Interesse an der Arbeit und die Übernahme der Zweitkorrektur.

Für die Unterstützung, den fachlichen Austausch und die zahlreichen Denkanstöße möchte ich mich außerdem bei meinem Vater Karl Ilg, Simone Schulz, Prof. Dr.-Ing. Claas Christian Wuttke und Karolin Baitinger bedanken. Mein besonderer Dank geht an meine Familie und insbesondere an meine Eltern, die mich auf meinem bisherigen Lebensweg uneingeschränkt unterstützt und mich stets in meinen Ambitionen bestärkt haben.

Julian Ilg

Geleitwort

Im Sandkasten können wir phantasievolle, individuelle und einmalige Gebilde herstellen, indem wir Sandkorn auf Sandkorn setzen. Es gibt Stellen, die fester sein sollen, was wir mit Zugabe von Wasser bewerkstelligen. Und es gibt losen Sand, den wir für das Gebilde selbst nicht benötigen, der aber für ein neues Gebilde zur Verfügung steht. Das Ganze ist natürlich wiederverwertbar.

Vielleicht stand der Sandkasten Pate bei der Erfindung additiver Druckverfahren, wie beispielsweise dem 3D-Druck. Auch sie ermöglichen es, individuelle Gebilde zu realisieren, welche Geometrien und Eigenschaften aufweisen können, die klassische Herstellungsverfahren nicht ermöglichen. Der Einsatz von Rohstoffen kann minimalisiert werden. Somit steckt in additiven Druckverfahren das Potential sowohl der Individualität, als auch des nachhaltigen Wirtschaftens. Sie stellen daher zukunftsweisende Produktionsverfahren dar.

Ob überhaupt, und wenn ja, welches additive Produktionsverfahren für einen herstellenden Betrieb in Frage kommt, ist eine entscheidende, vielleicht sogar existentielle Frage. Die vorliegende Arbeit gibt auf diese Frage Antwort. Sie liefert eine quantifizierende Entscheidungshilfe, beginnend beim herzustellenden Produkt. Hierfür entwickelte der Autor ein V-Modell, welches den Entscheidungsprozess schrittweise begleitet und Verzweigungsmöglichkeiten bietet. Hierbei werden Fragenkataloge zur Hand gestellt, deren Antworten quantitative Ergebnisse liefern.

Bei der Arbeit handelt es sich um eine Abschlussarbeit eines Wirtschaftsingenieurstudienganges. Um so mehr freut es mich als Betreuer, dass sie gleichermaßen sowohl die ingenieurswissenschaftlichen Punkte der verschiedenen Fertigungsverfahren, bezogen auf das zu fertigende Produkt, als auch die wirtschaftlichen Aspekte beim angedachten Umstieg vom herkömmlichen Herstellungsverfahren auf das additive Fertigungsverfahren berücksichtigt. Sie liefert also die Schnittstelle zwischen Technik und Wirtschaft par excellence.

Dem Autor der Arbeit, Herrn Julian Ilg, wünsche ich auf seinem weiteren Weg viel Freude und Erfolg, seine Ideen mögen weiterhin sprudeln. Der Leserschaft wünsche ich, dass sie die Lektüre der Arbeit genießen und sie als Entscheidungshilfe nutzen können. Uns allen wünsche ich, dass wir die additiven Fertigungsverfahren so einsetzen, dass sie zur Standortsicherung dienen und unsere Umwelt durch nachhaltiges Wirtschaften schonen und somit eine Investition in die Zukunft darstellen.

Prof. Dr.-Ing. Albrecht Oehler
Professor für Informations- und Kommunikationstechnik
ESB Business School, Hochschule Reutlingen

Inhaltsverzeichnis

Tabellenverzeichnis

Abbildungsverzeichnis

Abkürzungsverzeichnis

3DP	3D Drucken
ABS	Acrylnitril Butadien Styrole
CAD	Computer-Aided Design
DLP	Digital Light Processing
EBM	Elektronenstrahlschmelzen
FDA	U.S. Food&Drug Administration
FFF	Fused Filament Fabrication
HNO	Hals-Nasen-Ohren
KMU	Kleine und mittlere Unternehmen
LOM	Laminated Object Manufacturing
MDR	Medizinprodukteverordnung
MJM	Multi-Jet Modelling
MPG	Medizinproduktegesetz
MW	Mittelwert
PA12	Polyamid 12
PC	Polycarbonate
PCL	Polycaprolacton
PE	Polyethylen
PEEK	Polyetherketon
PJM	Poly-Jet Modelling
PLA	Polyactide

PP	Polypropylen
PPS	Polyphenylensulfid
SLM	Selektives Laserschmelzen
SLS	Selektives Lasersintern
STABW	Standardabweichung
STL, SLA	Stereolithographie
UV	Ultraviolett

1 Einleitung

1.1 Umfeld der Arbeit

Industrieunternehmen in Deutschland sehen sich mit einem zunehmenden nationalen und internationalen Wettbewerb konfrontiert, der eine ständige Anpassung von Fabriken und Produkten erfordert [LGK14]. Um die Wettbewerbsfähigkeit dieser Unternehmen und des Produktionsstandortes Deutschland zu sichern, hat die Bundesregierung im Rahmen der Hightech-Strategie das Zukunftsprojekt „Industrie 4.0“ initiiert [Rot16], [BMB13], [SKC17]. Diese vierte industrielle Revolution orientiert sich mit einer individualisierten und vernetzten Produktion auf Grundlage cyberphysischer Systeme an den individuellen Wünschen des Kunden [BMB13]. Eine Schlüsseltechnologie, welche diese Ideen der vierten industriellen Revolution zur Anwendung bringen kann, sind additive Fertigungsverfahren [KP16].

1.2 Problemstellung

Obwohl additive Fertigungsverfahren schon seit Jahren als neue Fertigungstechnologie thematisiert werden, haben sie sich noch nicht im erwarteten Umfang durchgesetzt [Gru15]. Dies könnte an der Hemmschwelle liegen, die Unternehmen durch die überzogenen Erwartungen an die neuartige Technologie aufgebaut haben [Zäh13]. Vielen Unternehmen fehlt es dabei an der Kompetenz und an der Erfahrung, die Potenziale der additiven Fertigungstechnologie differenziert zu beurteilen [FP16]. Es besteht daher die Notwendigkeit die Unternehmen zu befähigen, damit diese den potenziellen Mehrwert aber auch die aktuellen Grenzen der Technologie für sich objektiv bewerten können [Zäh13].

J. Ilg, *Systematische Eignungsanalyse zum Einsatz additiver Fertigungsverfahren*,
BestMasters, https://doi.org/10.1007/978-3-658-24631-0_1

Besonders die additive Fertigung in der Medizintechnik befindet sich momentan im Gartner Hype Cycle auf dem sog. Gipfel der überzogenen Erwartungen, der von übertriebenem Enthusiasmus sowie unrealistischen Erwartungen geprägt ist (vgl. Abbildung 1). Daher wird insbesondere in dieser Branche ein Bedarf nach einer systematischen Eignungsanalyse zur Entscheidung über einen geeigneten Einsatz von additiven Fertigungsverfahren gesehen.

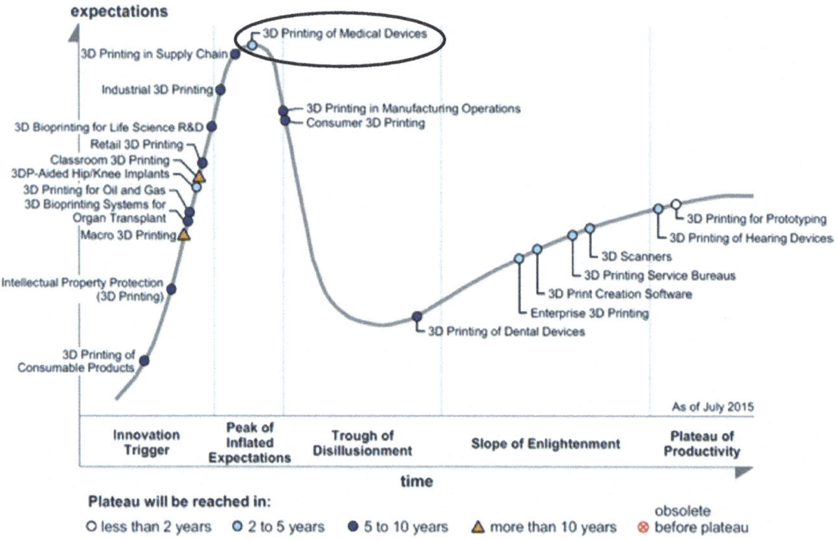

Abbildung 1: Gartner Hype Cycle für die additive Fertigung
Quelle: [Ric17]

1.3 Zielsetzung

Ausgehend aus der beschriebenen Problemstellung ist das Ziel der vorliegenden Arbeit die Entwicklung einer systematischen Eignungsanalyse zum Einsatz additiver Fertigungsverfahren für ein bestimmtes Produkt bzw. eine bestimmte Produktgruppe. Dazu soll zunächst ein Überblick über den aktuellen Stand von additiven Fertigungsverfahren in der ausgewählten Medizintechnikbranche sowie deren Bedarf nach einer Eignungsanalyse ermittelt werden

Aus der zentralen Zielsetzung lassen sich folgende drei Forschungsfragen für diese Arbeit ableiten:

- Wie ist der aktuelle Stand des Einsatzes von additiven Fertigungsverfahren in der Medizintechnik?
- Vor welchen Herausforderungen und Handlungsfeldern stehen die Unternehmen beim Einsatz von additiven Fertigungsverfahren?
- Wie kann eine anwendungsorientierte Systematik zur Entscheidung über den geeigneten Einsatz additiver Fertigungsverfahren aussehen?

1.4 Aufbau der Arbeit

Um die dargelegte Zielstellung zu erreichen und die Forschungsfragen zu klären, ist diese Arbeit in sieben Kapitel unterteilt (vgl. Abbildung 2).

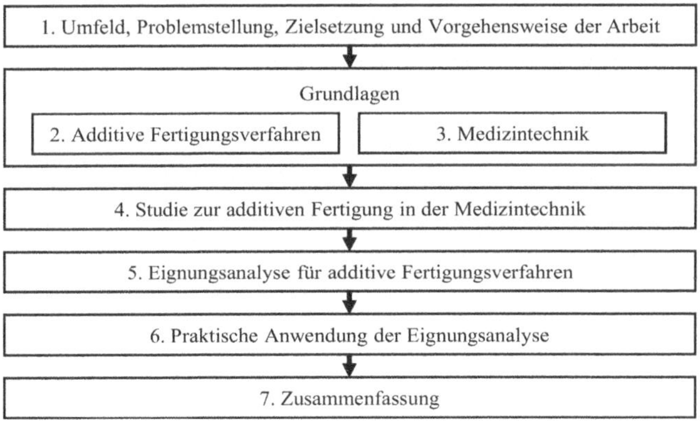

Abbildung 2: Aufbau der Arbeit
Quelle: Eigene Darstellung

Zunächst werden im ersten Kapitel das Umfeld der Arbeit sowie die Problemstellung und die Zielsetzung hergeleitet.

Im zweiten Kapitel werden die theoretischen Grundlagen der additiven Fertigung geschaffen sowie die verschiedenen additiven Fertigungsverfahren bewertet und Kriterien zur Auswahl von geeigneten Produkten, Materialien und Verfahren vorgestellt.

Das dritte Kapitel befasst sich mit der Branche der Medizintechnik und liefert die Definition und Klassifizierung von Medizinprodukten sowie die besonderen Eigenschaften der Branche.

Aufbauend auf den geschaffenen Grundlagen wird im vierten Kapitel eine empirische Untersuchung vorgestellt, die den aktuellen Stand von additiver Fertigung in der Medizintechnik zeigt sowie den Bedarf an einer Eignungsanalyse zur additiven Fertigung identifiziert.

Um diesen Bedarf zu befriedigen, wird im fünften Kapitel die entwickelte Eignungsanalyse zum Einsatz additiver Fertigungsverfahren vorgestellt, die von Experten der additiven Fertigung evaluiert wird. Zur Anwendung der Eignungsanalyse kommen entsprechende Auswahlwerkzeuge zum Einsatz, die ebenfalls im Rahmen dieser Arbeit dafür entwickelt werden.

Zur Validierung in der Praxis erfolgt im sechsten Kapitel die praktische Anwendung der Eignungsanalyse, wobei mögliche Verbesserungs- und Weiterentwicklungspotenziale identifiziert werden. Die Arbeit endet mit einer Zusammenfassung der Ergebnisse.

2 Additive Fertigungsverfahren

Innerhalb dieses Kapitels wird ein grundlegendes Verständnis für additive Fertigungsverfahren geschaffen. Dafür wird zunächst der Begriff der additiven Fertigung erläutert und die prinzipielle Vorgehensweise der Fertigungsverfahren vorgestellt. Anschließend werden die verschiedenen, industriell eingesetzten additiven Fertigungsverfahren näher beschrieben und anhand verschiedener Eigenschaften bewertet. Zudem werden die Eigenschaften der eingesetzten Materialien sowie die Eigenschaften von Produkten, die sich für die additive Fertigung eignen, aufgeführt. Abschließend wird die zukünftige Entwicklung der additiven Fertigungsverfahren betrachtet und ein Fazit gezogen.

Für das vorliegende Kapitel ergeben sich drei wesentliche Leitfragen:

- Was ist additive Fertigung und welche verschiedenen Verfahren gibt es?
- Welche Materialien eignen sich zur additiven Fertigung?
- Welche Produkte eignen sich für die additive Fertigung?

2.1 Begriffserklärung additive Fertigungsverfahren

Um für die vorliegende Arbeit Klarheit über den Begriff „additive Fertigungsverfahren" herzustellen, wird dieser im Folgenden näher erläutert.

Industrielle Fertigungsverfahren können in

- subtraktive Fertigungsverfahren,
- formative Fertigungsverfahren und
- additive Fertigungsverfahren

J. Ilg, *Systematische Eignungsanalyse zum Einsatz additiver Fertigungsverfahren*, BestMasters, https://doi.org/10.1007/978-3-658-24631-0_2

unterschieden werden [Geb13], [Bur93]. Bei den *subtraktiven Fertigungsverfahren* wird die gewünschte Geometrie durch mechanisches Abtragen des Materials mittels eines Werkzeuges erzeugt. Beispiele für ein solches Fertigungsverfahren ist die Bearbeitung durch Fräsen, Drehen oder Bohren des Materials. Durch die mechanische Kraft von formgebenden Werkzeugen wird hingegen beim *formativen Fertigungsverfahren* das Material in die gewünschte Geometrie gebracht. Schmieden, Spritzgießen und Tiefziehen sind hier als beispielhafte Fertigungsverfahren aufzuführen [Geb13], [FG17], [Fas14].

Die in dieser Arbeit betrachteten *additiven Fertigungsverfahren* charakterisieren sich dadurch, dass die gewünschte Geometrie durch ein schichtweises Hinzufügen, Auftragen und Ablagern von einem oder mehreren Materialen gefertigt wird [FP16], [Geb13], [Klo15]. Dies ermöglicht eine werkzeuglose Fertigung von neuen, komplexen Strukturen, die mit den herkömmlichen Fertigungsverfahren nur schwer zu realisieren sind [BBB16], [GKT16].

Die ersten Ansätze von additiven Fertigungsverfahren, die in der Praxis synonym auch als generative Fertigungsverfahren bezeichnet werden, kamen bereits 1987 unter dem Namen „Rapid Prototyping“ auf den Markt, da das Verfahren ursprünglich für die schnelle Erstellung von Prototypen genutzt wurde. Heute stellt das Rapid Prototyping neben dem Rapid Tooling für die additive Herstellung von Werkzeugen und dem Rapid Manufacturing für die additive Fertigung von Endprodukten eine Anwendungsform der additiven Fertigungsverfahren dar [Fas14], [GKT16], Klo15]. Für eine tiefergehende Betrachtung der verschiedenen Anwendungsformen wird an dieser Stelle auf [Geb13] S.6ff. verwiesen.

Im deutschen Sprachgebrauch ist für das additive Fertigungsverfahren oftmals der Begriff „3D Druck“ gebräuchlich. Dabei muss auf die Unterscheidung zwischen der generellen Technologie der additiven Fertigung und dem Verfahren des 3D-Druckens, das in Abschnitt 2.3.4 erläutert wird, geachtet werden [Geb13], [BBB16]. Im Zuge dieser Arbeit wird durchgehend der Begriff additive Fertigungsverfahren verwendet.

2.2 Prinzipielle Vorgehensweise additiver Fertigungsverfahren

Die additiven Fertigungsverfahren funktionieren alle nach dem Prinzip der Schnitttechnologie, welche durch die in Abbildung 3 gezeigte Prozesskette beschrieben werden kann.

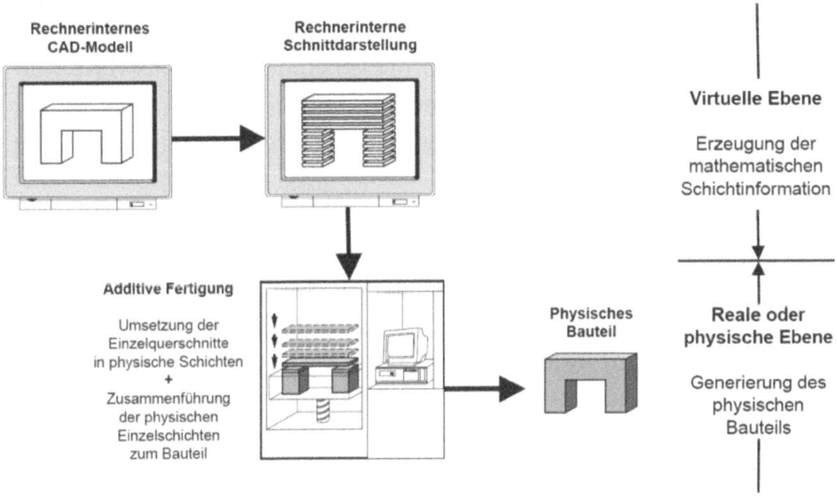

Abbildung 3: Prinzipielle Prozesskette additiver Fertigungsverfahren
Quelle: [GKT16]

Die Prozesskette beginnt mit einem dreidimensionalen Computer-Aided Design (CAD) Modell, das entweder durch 3D-CAD Konstruktion am Computer oder durch das Scannen eines vorhandenen Bauteils erstellt wird. Anschließend wird mittels eines speziellen Programms das CAD-Modell in zahlreiche Schichten mit gleicher Dicke unterteilt. Die einzelnen

Schichten werden dann an die Maschine übermittelt, die jede Schicht gemäß der gewünschten Kontur und Schichtdicke aufträgt und mit der darunterliegenden Schicht verbindet, um so das physische Modell herzustellen [GKT16]. Abhängig von Fertigungsverfahren und Bauteil kann im Anschluss ein Nachbearbeitungsprozess folgen, bei dem Pulverrückstände oder Stützkonstruktionen entfernt werden müssen und das Bauteil durch thermische oder chemische Behandlungen die gewünschten Eigenschaften erhält [VDI14].

2.3 Industriell eingesetzte additive Fertigungsverfahren

Aufbauend auf dem Verständnis über die generelle Vorgehensweise werden nun die wichtigsten und kommerziell erhältlichen Verfahren für die industrielle Anwendung additiver Fertigungsverfahren genauer betrachtet [VDI14].

Die in dieser Arbeit betrachteten Verfahren können, wie in Tabelle 1 dargestellt, in der ersten Gliederungsebene nach der Form des Ausgangsmaterials unterschieden werden. So kann dieses pulverförmig, als Strang, als Folie oder als Flüssigkeit vorliegen. Die zweite Gliederungsebene beschreibt den Bindungsmechanismus, mit dem das Ausgangsmaterial zu dem gewünschten Bauteil verbunden wird. Dabei kann das Material durch Verschmelzen, Auftragen eines Binders, Verkleben, Aushärten oder durch Photopolymerisation mittels UV-Licht miteinander verbunden werden. In der dritten Gliederungsebene sind die verschiedenen additiven Fertigungsverfahren aufgeführt, die in dieser Arbeit betrachtet werden.

An dieser Stelle wird darauf hingewiesen, dass es darüber hinaus noch weitere Verfahren gibt, die zu den additiven Fertigungsverfahren zählen. Diese sind in der Industrie jedoch nicht verbreitet und werden deshalb nicht im Rahmen dieser Arbeit betrachtet [VDI14].

Tabelle 1: Additive Fertigungsverfahren im Überblick
Quelle: Eigene Darstellung in Anlehnung an [LLF16], [VDI14].

Form des Materials	Bindungs-mechanismus	Additives Fertigungsverfahren	Abkürzung	Abschnitt
Pulver	Verschmelzen	Selektives Lasersintern	SLS	2.3.1
		Selektives Laserschmelzen	SLM	2.3.2
		Elektronenstrahlschmelzen	EBM	2.3.3
	Binder	3D Drucken	3DP	2.3.4
Strang	Verschmelzen	Fused Filament Fabrication	FFF	2.3.5
Folie	Verkleben	Laminated Object Manufacturing	LOM	2.3.6
Flüssigkeit	Aushärten	Multi-Jet Modelling	MJM	2.3.7
	Photopolymerisation mittels UV	Stereolithographie	STL, SLA	2.3.8
		Poly-Jet Modelling	PJM	2.3.9
		Digital Light Processing	DLP	2.3.10

Im Folgenden werden die verschiedenen industriell einsetzbaren additiven Fertigungsverfahren vorgestellt, um einen Überblick über die diversen Verfahren zu schaffen. Dabei werden für jedes Verfahren die Funktionsweise, die verarbeitbaren Materialien sowie die jeweiligen Eigenschaften beschrieben.

2.3.1 Selektives Lasersintern (SLS)

Beim selektiven Lasersintern wird das pulverförmige Ausgangsmaterial mit Hilfe eines Laserstrahls schichtweise versintert [Fas14], [Hag15]. Dafür schmilzt der Laser die einzelnen Pulverpartikel gemäß der gewünschten Querschnittsgeometrie lediglich an der Oberfläche auf, um sie miteinander zu verbinden (vgl. Abbildung 4) [Fas14], [GKT16]. Der Hubtisch senkt sich nach diesem Vorgang um die jeweilige Schichtdicke ab und eine gegenrotierende Rolle trägt eine neue Pulverschicht auf, die wiederum mit

Hilfe des Lasers an den gewünschten Stellen versintert wird [Fas14], [GKT16], [Hag15].

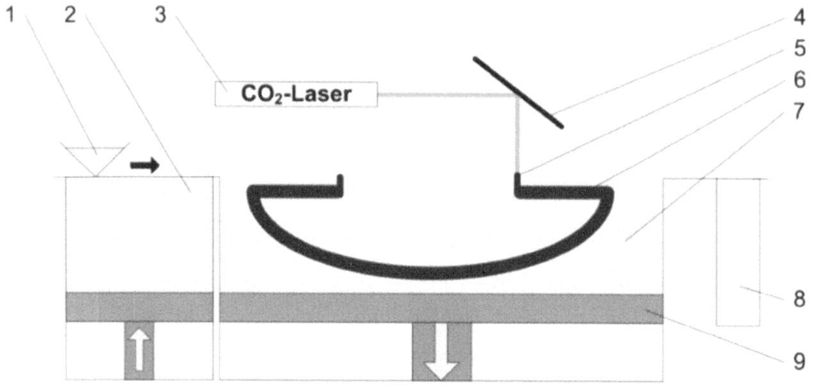

1	Beschichter mit Pulvervorrat	4	X-Y-Scanner	7	Stützkonstruktion
2	Pulvervorratsbehälter	5	Verfestigungszone	8	Überlaufbehälter
3	CO_2-Laser	6	generiertes Bauteil	9	Hubtisch

Abbildung 4: Prinzipdarstellung Selektives Lasersintern
Quelle: [VDI14]

Das Programm der Druckmaschine berücksichtigt dabei bereits mögliche geometrische Veränderungen bei der Abkühlung des Bauteils [Hag15]. Der Bauraum ist darüber hinaus während des Druckvorgangs knapp unter der Schmelztemperatur des Pulvers beheizt, um Verzüge zu reduzieren, sowie vollständig mit Schutzgas gefüllt, um die Oxidation oder andere Reaktionen des Materials zu vermeiden [GKT16]. Das Pulver, das nicht versintert wird, dient während des Bauvorgangs als Stützmaterial, um z.B. Überhänge zu drucken [Hag15]. Dieses Pulver kann nach der Fertigstellung des Bauteils aufgefangen und teilweise wiederverwendet werden [Fas14].

Als Material können bei diesem Verfahren pulverförmige Metalle, Keramiken, Sande und Thermoplaste wie Polyamid 12 (PA12), Polyetherketon (PEEK), Polyethylen (PE) und Polypropylen (PP) verwendet werden [Fas14], [GKT16], [LLF16].

Die Vorteile dieses Verfahrens sind die hohe mechanische Belastbarkeit der Bauteile sowie das große Spektrum verschiedener Materialien, die für das selektive Lasersintern genutzt werden können [Fas14]. Darüber hinaus zeichnet eine schnelle Herstellung mit hoher Detailgenauigkeit das Verfahren aus [Zäh13]. Die fertiggedruckten Bauteile, die jedoch meist eine vergleichsweise lange Abkühlzeit benötigen, besitzen durch anhaftende Pulverkörner eine raue Oberfläche, die durch Nacharbeit geglättet werden kann [Fas14], [Zäh13], [Hag15]. Besonders bei Kunststoffteilen ist im Anschluss eine Infiltration mit anderen Materialien sinnvoll, da diese eine leichte Porosität besitzen [Hag15], [GKT16], [Fas14]. Zusammenfassend kann jedoch gesagt werden, dass die Bauteile bereits dieselbe Qualität besitzen, wie durch die Herstellung mittels formativer und subtraktiver Verfahren [Hag15].

2.3.2 Selektives Laserschmelzen (SLM)

Das selektive Laserschmelzen ist das für metallische Werkstoffe am weitesten verbreite additive Fertigungsverfahren [LLF16]. Es unterscheidet sich vom selektiven Lasersintern dadurch, dass das Materialpulver nicht gesintert, sondern vollständig aufgeschmolzen wird [Fas14], [GKT16]. Dadurch können vollständig poren- und rissfreie Bauteile hergestellt werden, die eine nahezu 100%ige Dichte aufweisen [Fas14], [LLF16]. Der Aufbau der Maschine sowie das Verfahrensprinzip ähnelt dem beim selektiven Lasersintern, weshalb dies an dieser Stelle nicht erneut beschrieben wird [GKT16], [Klo15].

Als pulverförmige Ausgangsmaterialien werden vorwiegend metallische Stoffe wie verschiedene Stähle, Titan, Aluminium, diverse Legierungen und Edelmetalle verwendet [LLF16], [Fas14], [GKT16]. Aber auch Kunststoffe und Keramiken finden bei diesem Verfahren ihren Einsatz [Fas14].

Die Bauteile, die durch selektives Laserschmelzen hergestellt werden, weisen durch ihre hohe Dichte ähnliche Eigenschaften in Bezug auf Belastbarkeit und Temperaturbeständigkeit auf, wie gegossene Bauteile [Fas14]. Die weiteren Eigenschaften der Bauteile sind mit dem Verfahren des selektiven Lasersinterns vergleichbar. So ist beispielsweise die Genauigkeit der Teile durch die Pulverpartikelgröße begrenzt, was beim selektiven Lasersintern ebenfalls der Fall ist [Fas14].

2.3.3 Elektronenstrahlschmelzen (EBM)

Statt des Aufschmelzens des Materials mittels eines Lasers kommt beim Elektronenstrahlschmelzen ein Elektronenstrahl zur Anwendung [GKT16]. Das Verfahren ähnelt den zuvor beschriebenen Verfahren des selektiven Lasersinterns und des selektiven Laserschmelzens. Der Elektronenstrahl schmilzt das schichtweise aufgetragene Pulvermaterial auf, wodurch die gewünschte Geometrie entsteht (vgl. Abbildung 5) [Fas14]. Dafür ist im Bauraum ein Vakuum notwendig, da die Moleküle der Atmosphäre die Elektronen ablenken würden [GKT16], [Zäh13].

Durch die Verwendung des Elektronenstrahls gegenüber der Verwendung eines Lasers können verschiedene Vorteile realisiert werden. Zum einen weist dieses Verfahren durch die stärkere Leistung des Elektronenstrahls eine höhere Prozessgeschwindigkeit auf, wie bei einer Bearbeitung mittels eines Lasers [Zäh13]. Zum anderen besitzt der Elektronenstrahl eine schnelle und flexible Strahlablenkung und ermöglicht eine bessere Kontrolle über Temperatur und Schmelzgeschwindigkeit [Zäh13], [Fas14].

Durch den höheren Wirkungsgrad wird im Fokus zudem ein deutlich höherer Energiebetrag eingebracht, was höhere Temperaturen sowie eine größere Eindringtiefe ermöglicht [GKT16], [Zäh13], [Fas14]. Dadurch können sehr hoch schmelzende oder schwer zu bearbeitende Materialien wie Werkzeugstähle, Aluminium, Titan oder Kobalt-Chrom bearbeitet werden [Fas14], [Zäh13].

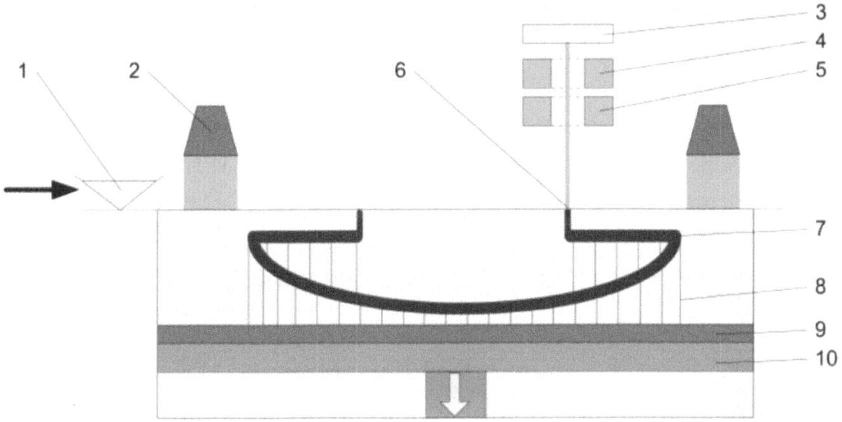

1	Beschichter	5	Ablenkspule	9	Bauplatte
2	Pulvervorratsbehälter	6	Verfestigungszone	10	Bauplattform mit Hubtisch
3	Elektronenstrahlerzeuger	7	generiertes Bauteil		
4	Fokussierspule	8	Stützkonstruktion		

Abbildung 5: Prinzipdarstellung Elektronenstrahlschmelzen
Quelle: [VDI14]

Durch die Bearbeitung mit sehr hohen Temperaturen besitzen die Bauteile gute Materialeigenschaften sowie reduzierte Spannungen und Verformungen [GKT16]. Die Qualität der Oberfläche, die mit Sandguss vergleichbar ist, und die Maßhaltigkeit der Bauteile sind jedoch geringer als bei den zuvor betrachteten metallisch-verarbeitenden additiven Fertigungsverfahren [Fas14], [Zäh13].

2.3.4 3D Drucken (3DP)

Der Begriff 3D Drucken, der sich inzwischen zu einer generischen Bezeichnung von additiven Fertigungsverfahren entwickelt, ist ursprünglich die Bezeichnung eines speziellen Verfahrens innerhalb der Gruppe der additiven Fertigungsverfahren [GKT16]. In der vorliegenden Arbeit wird daher auf eine Trennung der Begriffe 3D Drucken (en.: 3D Printing 3DP) für ein bestimmtes Verfahren und additive Fertigungsverfahren als Überbegriff geachtet.

Beim 3D Drucken handelt es sich um eine durch das Massachusetts Institute of Technology entwickelte Technologie, bei der das Bauteil durch das sog. Pulverbinder-Verfahren erzeugt wird [Zäh13], [Hag15], [GKT16]. Dabei trägt der Drucker mittels einer Walze zunächst eine Schicht des Pulvers aus der Pulverkammer auf die Bauplattform auf (vgl. Abbildung 6) [Hag15].

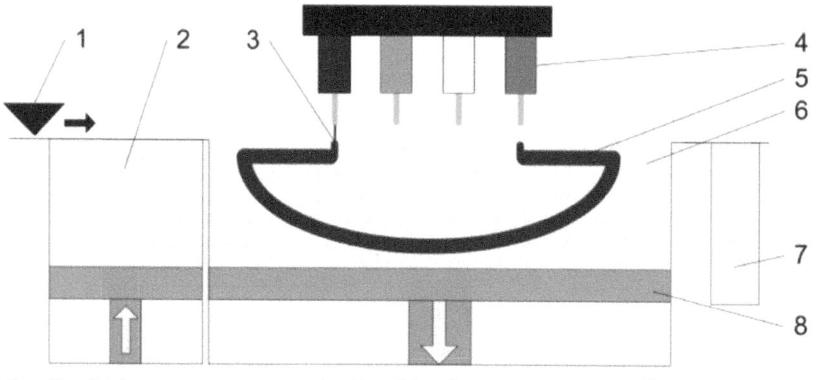

1	Beschichter	4	Druckköpfe	7	Überlaufbehälter
2	Pulvervorratsbehälter	5	generiertes Bauteil	8	Bauplattform mit Hubtisch
3	Punkt-für-Punkt-Binderauftrag	6	Stützkonstruktion		

Abbildung 6: Prinzipdarstellung 3D-Drucken
Quelle: [VDI14]

Auf diese Pulverschicht wird dann entsprechend des gewünschten Querschnitts mittels eines sog. Injektdruckkopfes ein flüssiges Bindemittel aufgetragen, welches die einzelnen Pulverkörner sowohl miteinander als auch mit der darunterliegenden Schicht verbindet [Zäh13], [Hag15], [Fas14]. Dieses Bindemittel kann dabei unterschiedlich eingefärbt werden, um so mehrfarbige Bauteile zu drucken [Fas14]. Im Anschluss wird die Bauplattform um die jeweilige Schichtdicke abgesenkt und die nächste Pulverschicht wird aufgetragen, wobei das restliche Pulver als Stützmaterial im Bauraum verbleibt [Zäh13], [Hag15].

Nach Fertigstellung des Bauteils, kann das überschüssige Material entfernt und erneut zum Drucken verwendet werden [Zäh13], [Fas14]. Um eine höhere Festigkeit und Stabilität zu erreichen, werden die Bauteile im Anschluss mit einem Dichtungsmittel, wie z.B. Epoxidharz oder Wachs, infiltriert [Zäh13], [Hag15], [GKT16]. Werden die Bauteile keiner Infiltration unterzogen, geht dies auf Kosten der Stabilität, da die Rohteile aus der Anlage eine hohe Sprödigkeit aufweisen [Fas14], [Hag15].

Als Werkstoffe eignen sich bei diesem Verfahren metallische, keramische und auf Gips basierende Pulver sowie Kunststoff- oder Kalkpulver [Hag15], [GKT16], [Fas14]. Bei der Verwendung von metallischem Pulver, wie z.B. Edelstahlpulver, entsteht durch dieses Verfahren zunächst ein sog. Grünling, der im Anschluss thermisch behandelt und gesintert werden muss [Zäh13], [GKT16].

Das 3D Drucken ist ein leicht zu bedienendes Verfahren, das durch die Verwendung eines Druckkopfes statt einem Laserstrahl Kostenvorteile in der Anschaffung gegenüber anderer Verfahren realisiert [Zäh13], [Gru15], [Klo15], [GKT16]. Dabei zeichnet sich dieses Verfahren durch eine schnelle Bauzeit sowie vergleichsweise kostengünstige Werkstoffe aus

[Zäh13], [Fas14]. Die fertiggestellten Bauteile besitzen jedoch fertigungsbedingt eine raue Oberfläche, die allerdings durch Nacharbeit geglättet werden kann [GKT16], [Klo15].

2.3.5 Fused Filament Fabrication (FFF) / Fused Deposition Modelling (FDM)

Das Fused Deposition Modelling (FDM) ist ein Verfahren, das von der Firma Stratasys entwickelt wurde, welche die Bezeichnung des Verfahrens patentrechtlich schützen ließ [Fas14], [Hag15], [GKT16]. Aus diesem Grund ist das Verfahren ebenfalls unter der frei verfügbaren Bezeichnung Fused Filament Fabrication (FFF) bekannt [Hag15]. Im Rahmen dieser Arbeit wird deshalb der frei verfügbare Begriff Fused Filament Fabrication verwendet.

Beim Fused Filament Fabrication wird das drahtförmige, schmelzfähige Ausgangsmaterial, das sog. Filament, durch eine beheizte Düse aufgeschmolzen und schichtweise auf die Bauplattform aufgetragen, auf der das Material erkaltet und sich verfestigt (vgl. Abbildung 7) [Fas14], [KP16], [Hag15], [Zäh13]. Dabei bewegt sich die Düse in x- und y-Richtung gemäß des 3D-Modells, wobei sich die Bauplattform nach jeder fertiggestellten Schicht entsprechend der jeweiligen Schichtdicke absenkt [Zäh13], [KP16]. Bei Geomctrien mit überstehenden Bauteilen müssen bei diesem Verfahren Stützkonstruktionen mitgedruckt werden, welche durch eine separate Düse aufgetragen werden [Fas14], [Hag15], [KP16], [Zäh13]. Diese sind wasserlöslich oder weisen eine geringere Schmelztemperatur als das Material auf und müssen in einem weiteren Bearbeitungsschritt durch Auswaschen oder durch eine Wärmebehandlung wieder entfernt werden [Fas14], [Hag15], [Zäh13].

Bei diesem Verfahren werden hauptsächlich Kunststoffe wie Acrylnitril Butadien Styrole (ABS), Polyactide (PLA), Polycarbonate (PC), biologisch abbaubares Polycaprolacton (PCL), hochtemperaturbeständiges Polyphenylensulfid (PPS) sowie Laywood (Holzdraht) und synthetisches oder natürliches Wachs verwendet [Hag15], [Fas14].

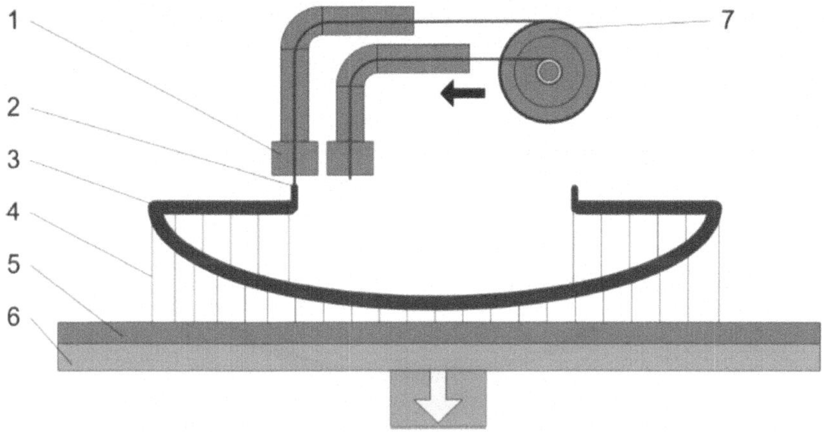

1	beheizte Düsen	4	Stützkonstruktion	7	Materialvorrat in Drahtform
2	Linie-für-Linie-Auftrag	5	Bauplatte		
3	generiertes Bauteil	6	Bauplattform mit Hubtisch		

Abbildung 7: Prinzipdarstellung Fused Filament Fabrication
Quelle: [VDI14]

Das Fused Filament Fabrication zählt zu den preisgünstigeren Verfahren, weshalb es sich ebenfalls bei Privatanwendern an einer großen Beliebtheit erfreut [Fas14]. Bauteile, die mit diesem Verfahren hergestellt werden, weisen jedoch eine vergleichsweise geringe Oberflächenqualität auf, da die einzelnen Schichten meist deutlich zu sehen sind [Fas14]. Durch diese Schichtung des Materials ist das Bauteil in manchen Bereichen nicht so stabil wie bei der Herstellung mit anderen Verfahren [Hag15].

2.3.6 Laminated Object Manufacturing (LOM)

Beim Laminated Object Manufacturing wird das gewünschte Bauteil durch schichtweises Laminieren von Folien oder Platten und anschließendem Zuschneiden mittels Laser, Messer oder Fräser aufgebaut [Hag15], [GKT16]. Dafür wird das Rohmaterial auf die Bauplattform abgerollt und mittels einer Laminierrolle mit der darunterliegenden Schicht verbunden (vgl. Abbildung 8) [Hag15].

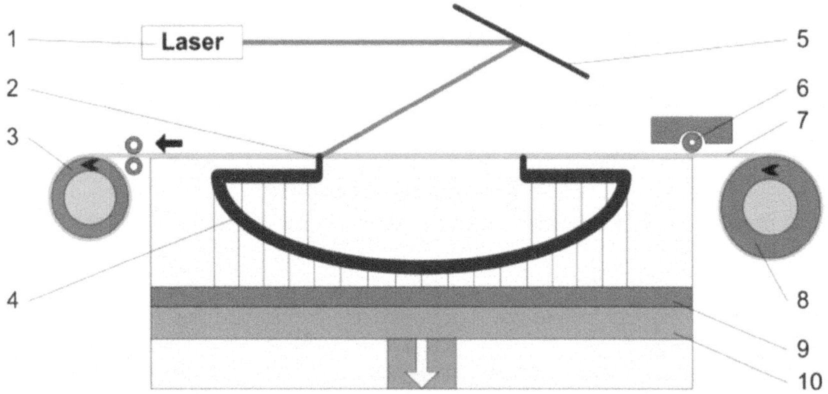

1	Laser	5	X-Y-Scanner	9	Bauplatte
2	Schneidepunkt	6	Laminierwalze	10	Bauplattform mit Hubtisch
3	Restaufnahmerolle	7	Folienband		
4	generiertes Bauteil	8	Rohmaterial		

Abbildung 8: Prinzipdarstellung Laminated Object Manufacturing
Quelle: [VDI14]

Das Schneidewerkzeug schneidet im Anschluss die gewünschte Geometrie zurecht [Hag15]. Bei Überhängen und Hohlbereichen sind dabei Stützkonstruktionen notwendig, die vom Schneidewerkzeug kreuzförmig eingeschnitten werden, damit diese in der Nachbearbeitung manuell entfernt werden können [Hag15], [GKT16], [Fas14]. Um die Haltbarkeit der Bauteile zu erhöhen können diese im Anschluss mit Epoxidharz infiltriert werden [Fas14].

Bei diesem Verfahren werden meist Bauteile aus Papier hergestellt [Fas14], [GKT16]. Es ist jedoch auch die Verwendung von Kunststoffen, Metallen oder Keramiken möglich [Fas14], [GKT16].

Durch die Verwendung von Materialien wie Papier zeichnet sich das Laminated Object Manufacturing durch geringe Materialkosten und einer preisgünstigen Herstellung aus [Hag15], [Fas14]. Die Bauteile sind dabei massiv und vergleichsweise schnell gefertigt [Hag15], [GKT16], [Fas14]. Die Auflösung sowie die Präzision der Teile hängen dabei von der verwendeten Schichtdicke des Ausgangsmaterials ab [Hag15]. Generell sind Oberflächenqualität und Stabilität nicht so gut wie bei anderen additiven Fertigungsverfahren [Hag15].

2.3.7 Multi-Jet Modelling (MJM)

Beim Multi-Jet Modelling wird das gewünschte Bauteil mit Hilfe eines Druckkopfes, der ähnlich arbeitet wie ein Tintenstrahldrucker, schichtweise gefertigt (vgl. Abbildung 9) [Fas14]. Der in x- und y-Richtung verfahrbare Druckkopf verarbeitet dabei ein flüssiges Ausgangsmaterial, das sich nach dem tröpfchenweisen Auftragen unmittelbar verfestigt und mit der vorigen Schicht verbindet [Zäh13], [Fas14], [VDI14]. Nach jeder fertiggestellten Schicht fährt die Bauplattform um die jeweilige Schichtdicke nach unten und der Druckprozess beginnt von Neuem [Zäh13].

Um Überhänge zu realisieren sind bei diesem Verfahren Stützkonstruktionen notwendig, die aus einem leicht zu entfernenden Material gedruckt werden können und in einem Nachbearbeitungsschritt entfernt werden müssen [Fas14], [Zäh13].

Zur Bauteilherstellung werden hauptsächlich Materialien wie Wachs und niedrigviskose Polymere verwendet [VDI14], [Zäh13].

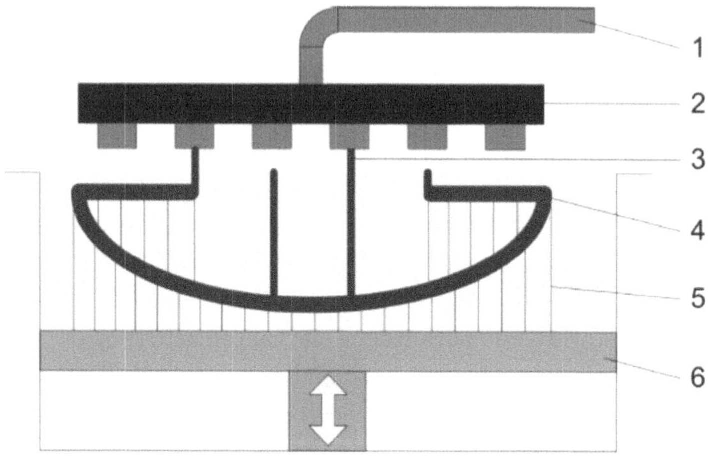

1 Materialzufuhr aus vorgewärmtem Vorratsbehälter
2 beheizte Druckköpfe
3 Linie-für-Linie-Auftrag des geschmolzenen Materials
4 Bauteil
5 Stützkonstruktion
6 Bauplattform mit Hubtisch

Abbildung 9: Prinzipdarstellung Multi-Jet Modelling
Quelle: [VDI14]

Durch das Multi-Jet Modelling lassen sich komplexe Produkte mit sehr feinen Details herstellen. Die Oberflächenqualität sowie die Druckauflösung sind bei diesem Verfahren sehr hoch und das Ergebnis ähnelt den Bauteilen, die mittels Stereolithographie (siehe unten) gefertigt werden [Zäh13], [Fas14]. Die Baugeschwindigkeit ist jedoch vergleichsweise niedrig, wodurch mit langen Druckprozessen zu rechnen ist [Fas14].

2.3.8 Stereolithographie (STL, SLA)

Bei der Stereolithographie wird lichtempfindliches Kunstharz, sog. Photopolymer, durch ultraviolette (UV) Laserstrahlung schichtweise ausgehärtet, was als Polymerisation bezeichnet wird [Klo15], [GKT16]. Dabei werden als Ausgangsmaterial flüssige Duromere wie Epoxidharze und Acrylate sowie Elastomere eingesetzt [Fas14]. Auf Basis eines CAD-Modells belichtet ein UV-Laser die gewünschte Schnittflächen-Geometrie, wodurch sich das Photopolymer an der vom Laserstrahl berührten Stelle erhärtet und sich mit der vorigen Schicht verbindet (vgl. Abbildung 10) [Klo15], [GKT16], [Hag15].

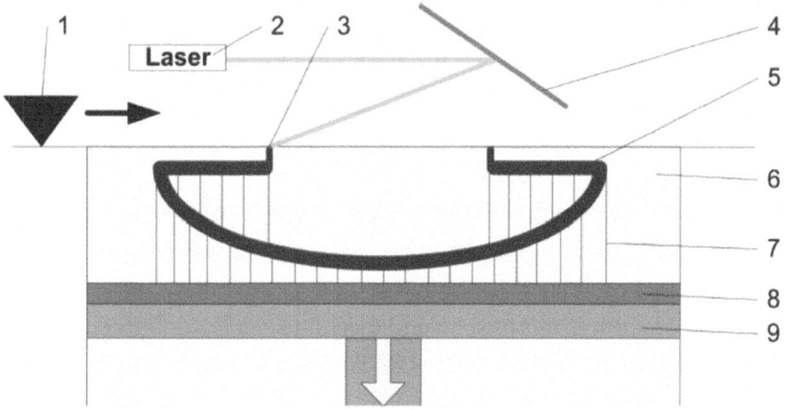

1	Beschichter	4	X-Y-Scanner	7	Stützkonstruktion
2	Laser	5	generiertes Bauteil	8	Bauplatte
3	Verfestigungszone (Polymerisation)	6	flüssiges Harz (Polymerbad)	9	Bauplatte mit Hubtisch

Abbildung 10: Prinzipdarstellung Stereolithographie
Quelle: [VDI14]

Im Anschluss wird die Bauplattform mit dem Bauteil um die jeweilige Schichtdicke in die Flüssigkeit abgesenkt [Klo15], [Fas14]. Ein sog. Wischer verteilt das flüssige Ausgangsmaterial gleichmäßig über der Bauplattform [Klo15], [GKT16], [Fas14]. Die jeweilige Schichtdicke ist dabei abhängig von verschiedenen Faktoren, wie der Reaktivität und Durchlässigkeit des Harzes, der Laserleistung sowie der Bewegungsgeschwindigkeit des Lasers [GKT16].

Danach wird die nächste Schicht des Bauteils mittels des UV-Lasers erhärtet und der Zyklus beginnt von Neuem, bis das Bauteil fertiggestellt ist [Klo15]. Zur Finalisierung des Bauteils und zum Erreichen der gewünschten Bauteilfestigkeit muss dieses gereinigt und in einer UV-Kammer nachgehärtet werden [GKT16], [Hag15], [Klo15], [Zäh13]. Bei diesem Verfahren sind für überhängende Geometrien Stützkonstruktionen notwendig, da das Material eine zu geringe Eigensteifigkeit aufweist [Klo15], [GKT16], [Fas14]. Diese werden meist automatisch vom System integriert und müssen im Anschluss in einem separaten manuellen Arbeitsschritt wieder entfernt werden [Hag15], [Zäh13].

Bauteile, die mittels Stereolithographie hergestellt werden, zeichnen sich durch eine sehr hohe Oberflächengüte sowie einem hohen Detailgrad aus [GKT16], [Fas14], [Hag15]. Die hergestellten Teile besitzen jedoch oftmals eine eher geringe thermische und mechanische Belastbarkeit und sind in der Haltbarkeit begrenzt, da der UV-Anteil des natürlichen Tageslichts dem UV-lichtempfindlichen Material zusetzt [Fas14], [Zäh13]. Außerdem sind für die notwendigen Anlagen hohe Investitionen notwendig und der Wechsel des Harzes in der Anlage ist zeitintensiv und kostentreibend [Zäh13]. Das verwendete Harz ist dabei nicht recyclingfähig und deshalb sind die Polymerisations-Verfahren im Allgemeinen sehr schlecht in puncto Nachhaltigkeit [Geb13].

2.3.9 Poly-Jet Modelling (PJM)

Das Poly-Jet Modelling arbeitet nach dem gleichen Funktionsprinzip wie das Multi-Jet Modelling [Fas14]. Der Unterschied bei diesem Verfahren ist, dass das Ausgangsmaterial nach dem tröpfchenweisen Auftragen durch den Druckkopf direkt mittels eines UV-Strahlers ausgehärtet wird (vgl. Abbildung 11) [Fas14]. Aus diesem Grund werden bei diesem Verfahren ebenfalls UV-lichtempfindliche Photopolymere verwendet [Fas14], [Zäh13].

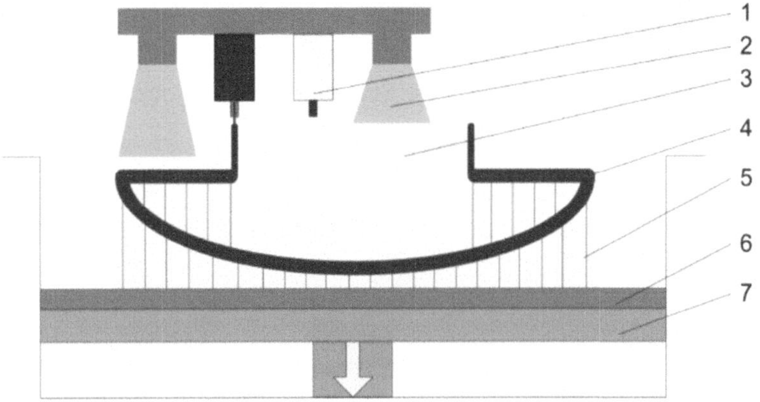

1 Druckköpfe
2 UV-Strahler
3 Verfestigungszone (Polymerisation)
4 generiertes Bauteil
5 Stützkonstruktion
6 Bauplatte
7 Bauplattform mit Hubtisch

Abbildung 11: Prinzipdarstellung Poly-Jet Modelling
Quelle: [VDI14]

Wie auch das Multi-Jet Verfahren können durch das Poly-Jet Modelling Bauteile mit einer sehr hohen Oberflächenqualität sowie sehr feinen Strukturen hergestellt werden [Fas14]. Dabei können sehr dünne Wandstärken realisiert und verschiedene Materialien miteinander kombiniert werden [Fas14]. Denn mit Hilfe der verschiedenen Düsen können unterschiedliche

Materialien mit unterschiedlichen Eigenschaften gleichzeitig in einem Bauteil verarbeitet werden [Fas14]. Die Haltbarkeit des Bauteils sowie die Baugeschwindigkeit der Anlage sind bei diesem Verfahren jedoch vergleichsweise gering [FP16].

2.3.10 Digital Light Processing (DLP)

Beim Digital Light Processing entsteht das gewünschte Bauteil ebenfalls per Polymerisation durch einen DLP-Projektor als UV-Quelle [GKT16]. Dieser projiziert den gewünschten Querschnitt auf das flüssige Photopolymer, wodurch sich die jeweilige Schicht verfestigt [GKT16], [Fas14]. Der Projektor ist dabei unter der Bauplatte angebracht, die sich nach jeder verfestigten Schicht um die jeweilige Schichtdicke nach oben bewegt (vgl. Abbildung 12) [GKT16].

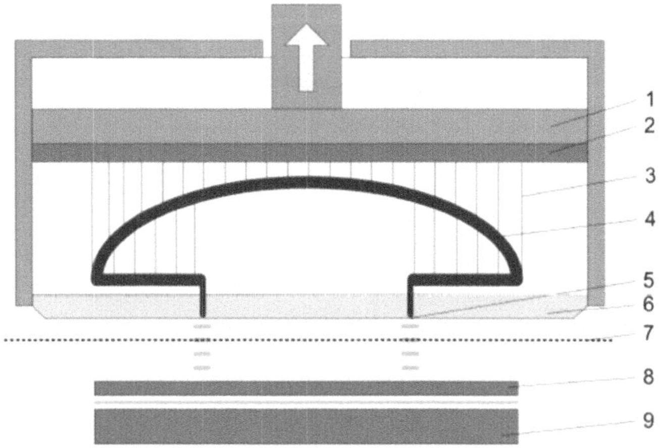

1	Bauplattform mit Hubtisch	4	generiertes Bauteil	7	Glasscheibe
2	Bauplatte	5	Brennpunkt	8	Umlenkspiegel
3	Stützstrukturen	6	Mit Polymer gefüllte Wanne	9	UV-Lampe

Abbildung 12: Prinzipdarstellung Digital Light Processing
Quelle: [VDI14]

Falls Stützkonstruktionen benötigt werden, müssen diese anschließend recht aufwändig mechanisch abgetrennt werden, da sie aus dem selben Material wie das Bauteil bestehen [Fas14], [GKT16].

Materialien, die bei diesem Verfahren ihre Anwendung finden sind Photopolymere wie beispielsweise UV-aktivierbare Kunstharze [VDI14].

Die mittels Digital Light Processing gefertigten Bauteile besitzen eine feine Auflösung sowie eine gute Oberflächenqualität [Fas14]. Durch die Verwendung von Photopolymeren als Ausgangsmaterial ist jedoch, wie bei der Stereolithographie, die thermische Qualität sowie die Haltbarkeit der lichtempfindlichen Bauteile eher gering [Fas14].

2.3.11 Bewertung der einzelnen additiven Fertigungsverfahren

Um über die in den vorigen Abschnitten vorgestellten additiven Fertigungsverfahren und insbesondere über deren Eigenschaften einen gesamtheitlichen Überblick zu bekommen, sind diese auf Basis der aktuellen Literatur in Tabelle 2 für jedes Verfahren dargestellt und evaluiert. Dies ermöglicht eine klare Differenzierung der Verfahren anhand spezifischer Kriterien und erlaubt eine fundierte Auswahl des geeigneten additiven Fertigungsverfahrens.

Tabelle 2: Vergleich additiver Fertigungsverfahren
Quelle: Eigene Darstellung in Anlehnung an [Geb13], [LLF16], [FP16]

Verfahren	**SLS**	**SLM**	**EBM**	**3DP**	**FFF**
Material	Metall Keramik Kunststoff	Metall Keramik Kunststoff	Metall	Metall Keramik Kunststoff Gips	Kunststoff Wachse
Bauraum b x h x t [mm]	550 x 550 x 750	500 x 280 x 325	200 x 200 x 380	780 x 400 x 400	914 x 610 x 914
Auflösung, Genauigkeit	8	8	8	4	2
Oberflächenqualität	4	4	2	2	4
Belastbarkeit des Drucks	8	10	10	2	6
Temperaturbeständigkeit	8	10	10	4	6
Haltbarkeit des Drucks	10	10	10	2	10
Farbenvielfalt	2	0	0	8	10
Anschaffungskosten	4	2	2	6	10
Kosten je Druck	6	2	2	8	10
Druckgeschwindigkeit	8	8	10	6	6
Betriebskosten	4	2	2	8	10
Nachhaltigkeit	6	6	6	2	8
Recyclingfähigkeit	6	6	6	10	6
Eignung für Kleinserie	10	10	10	6	10

Bewertung 10 sehr gut 8 gut 6 befriedigend
4 ausreichend 2 mangelhaft 0 ungenügend

Tabelle 2: (Fortsetzung)
Quelle: Eigene Darstellung in Anlehnung an [Geb13], [LLF16], [FP16]

Verfahren	**LOM**	**MJM**	**STL, SLA**	**PJM**	**DLP**
Material	Metall Keramik Kunststoff Papier	Harz Wachs	Harz	Harz	Harz
Bauraum b x h x t [mm]	813 x 559 x 508	550 x 393 x 300	1500 x 750 x 550	500 x 400 x 200	445 x 356 x 500
Auflösung, Genauigkeit	4	8	10	10	10
Oberflächenqualität	2	10	10	10	10
Belastbarkeit des Drucks	2	4	4	4	4
Temperaturbeständigkeit	2	4	4	4	4
Haltbarkeit des Drucks	6	8	8	8	8
Farbenvielfalt	8	4	4	10	4
Anschaffungskosten	6	8	4	8	6
Kosten je Druck	10	4	6	4	6
Druckgeschwindigkeit	2	4	6	4	6
Betriebskosten	10	6	6	6	6
Nachhaltigkeit	2	8	2	2	2
Recyclingfähigkeit	2	6	2	2	2
Eignung für Kleinserie	6	10	10	10	10

Bewertung 10 sehr gut 8 gut 6 befriedigend
4 ausreichend 2 mangelhaft 0 ungenügend

2.4 Materialien zur additiven Fertigung

Wie aus dem Vergleich der additiven Fertigungsverfahren in Tabelle 2 zu erkennen ist, eignen sich für die additive Fertigung verschiedene Materialien, wie beispielsweise Kunststoff, Metall, Keramik, Papier, Harz, Gips und Wachs. Laut einer Studie aus dem Jahr 2018 sind die meistgenutzten Materialien in der additiven Fertigung Kunststoffe, Metalle und Harze (vgl. Abbildung 13) [Scu18]. So geben 65% der Befragten an, dass sie für die additive Fertigung Kunststoffe einsetzen, 36% verwenden Metalle und 29% verarbeiten Harze. Gips (10%), Wachs (8%) und Keramik (8%) werden in deutlich geringerem Maße eingesetzt [Scu18]. Papier spielt bei den Befragten keine Rolle.

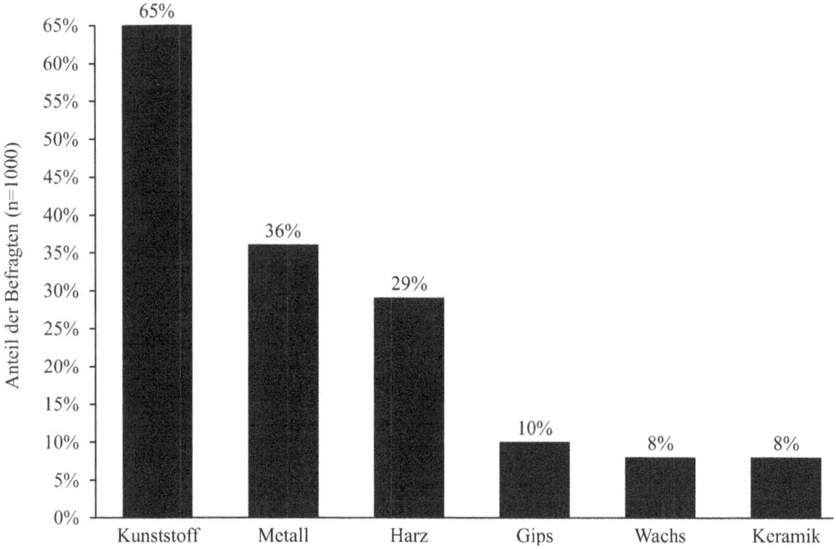

Abbildung 13: Meistgenutzte Materialien in der additiven Fertigung im Jahr 2018 (Studie; n = 1.000)

Quelle: [Scu18]

Die Eigenschaften der gängigsten Materialien der additiven Fertigung sind in Tabelle 3 dargestellt. Dabei werden neben dem Preis die Eigenschaften Leitfähigkeit, Flexibilität, schwere Entflammbarkeit, Strapazierfähigkeit, Hitzeresistenz, hohe Auflösung, Leichtbaueignung, glatte Oberflächen, Stabilität sowie Wetterfestigkeit betrachtet. Für eine tiefergehende Betrachtung der verschiedenen Materialien in der additiven Fertigung wird an dieser Stelle auf die Ausführungen von [GKT16] verwiesen.

Tabelle 3: Vergleich der Materialien zur additiven Fertigung
Quelle: Eigene Darstellung in Anlehnung an [Übe17]

Gruppe	Material	Preis	Leitfähigkeit	Flexibilität	Schwere Entflammbarkeit	Strapazierfähigkeit	Hitzeresistenz	Hohe Auflösung	Leichtbau-eignung	Glatte Oberfläche	Stabilität	Wetterfestigkeit
Kunststoff	ABS	3		■				■	■		■	
Kunststoff	Alumide	3					■	■			■	
Kunststoff	Conductive	1	■									
Kunststoff	Holz-Plastik-Filament	2								■		
Kunststoff	Metall-Plastik-Filament	2								■		
Kunststoff	Nylon	3		■						■	■	
Kunststoff	PEEK	1			■		■				■	
Kunststoff	PET	3		■						■	■	
Kunststoff	PETG	2			■						■	■
Kunststoff	PLA	3										
Kunststoff	ULTEM	1			■		■				■	

Preisbewertung 3 sehr gut 2 gut
1 befriedigend 0 ungenügend

Legende ■ Trifft zu
Trifft nicht zu

Tabelle 3: (Fortsetzung)
Quelle: Eigene Darstellung in Anlehnung an [Übe17]

Gruppe	**Material**	**Preis**	**Leitfähigkeit**	**Flexibilität**	**Schwere Entflammbarkeit**	**Strapazierfähigkeit**	**Hitzeresistenz**	**Hohe Auflösung**	**Leichtbau-eignung**	**Glatte Oberfläche**	**Stabilität**	**Wetterfestigkeit**
Metall	Aluminum	1					■		■		■	
Metall	Bronze	1	■			■						
Metall	Cobalt Chrom	1	■			■	■				■	■
Metall	Edelmetalle	0						■		■		
Metall	Edelstahl	1		■				■			■	■
Metall	Inconel	0				■	■					
Metall	Kupfer	1	■			■						
Metall	Nickel	0							■		■	
Metall	Titan	0				■		■			■	
Harz	PolyJet Resin	1		■			■	■		■		
Harz	SLA Resin	1		■			■			■		
Gips	Sandstein/Gips	2		■						■		
Wachs	Wachs	3						■		■		
Keramik	Keramik	2				■	■					
Papier	Papier	2										

Preisbewertung 3 sehr gut 2 gut
1 befriedigend 0 ungenügend

Legende ■ Trifft zu
Trifft nicht zu

2.5 Eigenschaften geeigneter Produkte zur additiven Fertigung

Nachdem in den vorigen Abschnitten die Eigenschaften der verschiedenen additiven Fertigungsverfahren sowie der Materialien evaluiert wurden, wird nun abschließend der Fokus auf die Produkteigenschaften gelegt, bei denen sich der Einsatz additiver Fertigung eignet. Im grundsätzlichen Verständnis entfaltet die additive Fertigung ihr volles Potenzial insbesondere bei kundenindividuellen Produkten mit komplexen Geometrien, bei denen bereits im Fertigungsprozess Funktionen integriert werden können [Ful16].

Die Betrachtung dieser Eigenschaften ist für das Ziel der vorliegenden Arbeit jedoch zu generisch und bietet Unternehmen nur wenige Anhaltspunkte in der Auswahl geeigneter Produkte zur additiven Fertigung. Aus diesen Gründen wird in Tabelle 4 ein detaillierter Überblick über die Produkteigenschaften, bei denen sich der Einsatz von additiven Fertigungstechnologien eignet, gegeben. Diese Eigenschaften sind dabei in die verschiedenen Bereiche Entwicklung, Beschaffung, Produktion und Distribution unterteilt. Zur Eignungsprüfung eines Produktes sind alle Kriterien aus den vier verschiedenen Bereichen zu prüfen. Ein Produkt weist dabei nur in den seltensten Fällen alle aufgeführten Eigenschaften auf. Sollte jedoch der größere Teil dieser Kriterien für ein Produkt oder eine Produktgruppe erfüllt und somit eine Tendenz erkennbar sein, ist die additive Fertigung in Betracht zu ziehen und näher zu prüfen.

Tabelle 4: Kriterien geeigneter Teile zur additiven Fertigung
Quelle: Eigene Darstellung in Anlehnung an [FP16]

Bereich	Kriterium
Entwicklung	Hohe Potenziale durch Funktionsintegration
	Hohe geometrische Komplexität des Teils
	Hohe Verfügbarkeit digitaler 3D-Daten
	Geringe Kosten für die Aufbereitung der 3D-Daten
	Verfügbarkeit über die Rechte am Design
	Hohe Potenziale durch Substitution des konventionellen Rohstoffs
	Hohe Potenziale durch Gewichtsreduktion
Beschaffung	Geringe Verfügbarkeit der Bezugsquelle
	Hohes Lieferrisiko des Lieferanten
	Hohe Fehlmengenkosten
	Hohe Verschrottungskosten am Ende des Produkt-Lebenszyklus
Produktion	Auftragsbezogene, kundenindividuelle Fertigung
	Hohe Kosten für Werkzeuge und Formen
	Hohe Rüstkosten
	Geringe Stückzahl
	Hohe Anzahl der Produktionsschritte
	Hoher Lohnanteil an Herstellkosten (hoher Anteil manueller Montageschritte)
	Hohe Komplexität der Fertigung
	Hoher Anteil externer Lohnfertiger
	Kurzer Lebenszyklus der Produkte
	Große Produktvariantenvielfalt
	Hoher Ausschussanteil (z.B. Späne)
	Hohe Bestände bzw. Lagerkosten
Distribution	Schlechte Prognostizierbarkeit der Nachfrage
	Verpflichtung zur langjährigen Verfügbarkeit der Teile
	Hohe Frachtkosten in der Distribution
	Hohe Zollkosten in der Distribution

2.6 Zukünftige Entwicklung

In seiner Rede zur Lage der Nation im Jahr 2013 bescheinigt der damalige US-Präsident Barack Obama der additiven Fertigungstechnologie „[...] the potential to revolutionize the way we make almost everything" [Gro13]. Dieses große Potenzial kann inzwischen im globalen Marktvolumen der additiven Fertigung beobachtet werden, das seit 2010 mit zweistelligen jährlichen Wachstumsraten stark steigend ist (vgl. Abbildung 14). Mit Blick auf die Zukunft wird sich dieses Wachstum noch weiter verstärken, sodass bis im Jahr 2020 ein globales Marktvolumen der additiven Fertigung von rund 20 Milliarden Euro prognostiziert wird, womit es sich im Vergleich zu 2010 um mehr als 16 Mal vergrößern würde.

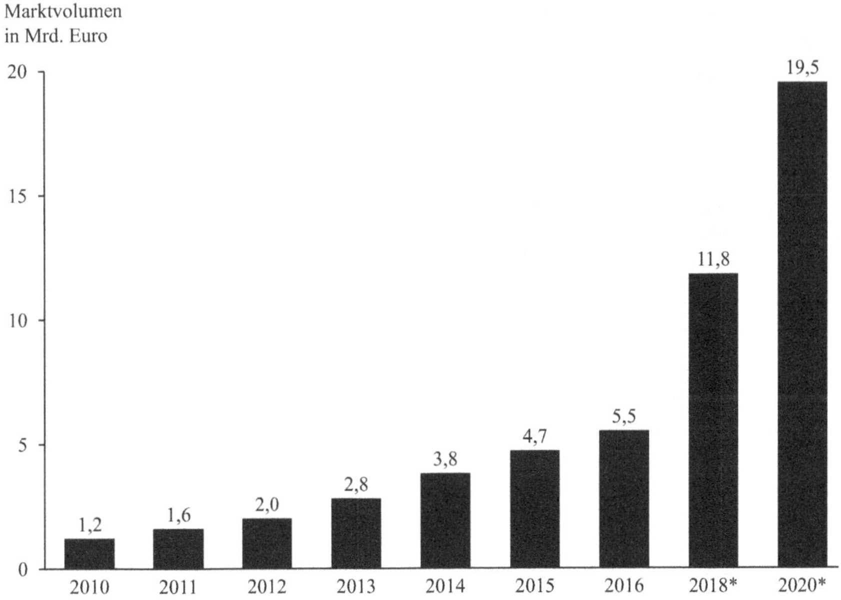

Abbildung 14: Globales Marktvolumen der additiven Fertigung bis 2020 in Mrd. Euro
* Prognosewerte
Quelle: [WC17], [WCC16]

Besonders in den Branchen Luft- und Raumfahrt sowie Medizintechnik wird ein wesentlicher Zuwachs des Marktvolumens bis zum Jahr 2030 erwartet (vgl. Abbildung 15). Beiden Branchen wird demnach ein durchschnittliches jährliches Wachstum des Marktvolumens von 23% prognostiziert. So erhöht sich das Marktvolumen in der Luft- und Raumfahrt von 0,43 Milliarden Euro im Jahr 2015 auf 9,59 Milliarden Euro in 2030 und in der Medizintechnik von 0,26 Milliarden Euro (2015) auf 5,59 Milliarden Euro (2030).

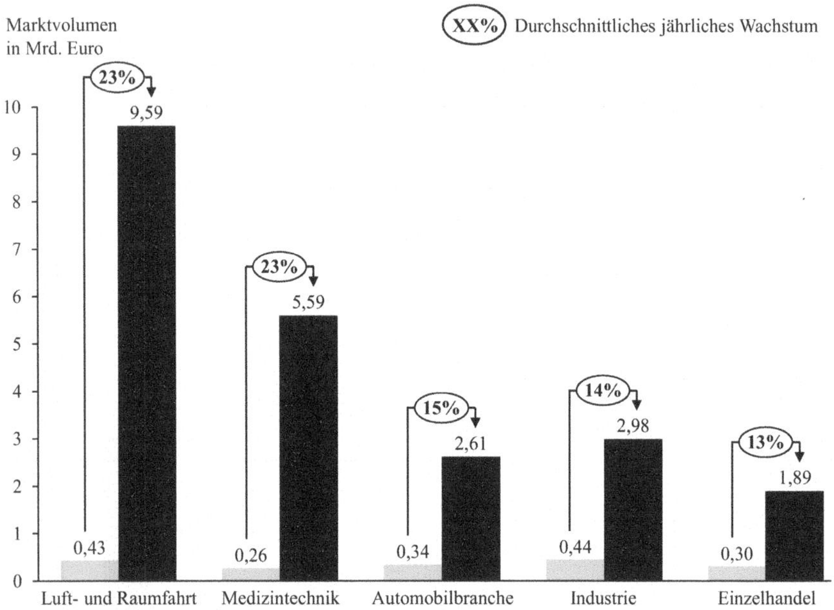

Abbildung 15: Globales Marktvolumen der additiver Fertigung in ausgewählten Branchen im Jahr 2015 und 2030 in Mrd. Euro

Quelle: [PwC18]

Diese beiden Branchen besitzen somit das größte Potenzial für den Einsatz der additiven Fertigungstechnologie. Für die vorliegende Arbeit wird der Fokus auf die Medizintechnik gelegt, da sich diese Branche zusätzlich durch eine hohe Wachstumsdynamik sowie durch ihre Innovationsstärke auszeichnet, was im dritten Kapitel näher herausgearbeitet wird.

2.7 Fazit zu additiven Fertigungsverfahren

Innerhalb dieses Kapitels werden die Grundlagen zur additiven Fertigung vorgestellt. Dafür wird zunächst das Prinzip der additiven Fertigung sowie die verschiedenen industriell eingesetzten Verfahren beschrieben. Basierend auf der durchgeführten Literaturrecherche werden dabei Kriterien zur Auswahl von Verfahren, Materialien und Produkten erarbeitet. Diese bilden die Grundlage zur Erstellung der Auswahlwerkzeuge für die Eignungsanalyse zum Einsatz additiver Fertigungsverfahren in Kapitel 5. Da die Medizintechnik mitunter das größte jährliche Marktwachstum im Bereich der additiven Fertigung aufweist, scheint diese Branche geeignet, um zunächst den Bedarf nach einer solchen Eignungsanalyse festzustellen.

3 Medizintechnik

Da sich Medizintechnikunternehmen durch die Herstellung von Medizinprodukten auszeichnen, wird in diesem Kapitel zunächst der Begriff des Medizinproduktes definiert. Darüber hinaus wird die Klassifizierung dieser Medizinprodukte in verschiedene Risikoklassen vorgestellt. Abschließend werden die innerhalb der Recherche identifizierten typischen Eigenschaften der Medizintechnikbranche dargelegt.

Für das vorliegende Kapitel ergeben sich demnach folgende drei Leitfragen:

- Wie kann ein Medizinprodukt definiert werden?
- Wie können Medizinprodukte klassifiziert werden?
- Welche typischen Eigenschaften weist die Medizintechnikbranche auf?

3.1 Begriffsbestimmung und -abgrenzung

Die Medizintechnik besitzt ein breites Spektrum an verschiedenartigen Medizinprodukten, wie beispielsweise Verbandsmittel, Hörhilfen, Brillen, Gelenkprothesen, Brustimplantate, Herzschrittmacher sowie chirurgische Instrumente [Wil15]. In der Bundesrepublik Deutschland ist durch das deutsche Medizinproduktegesetz (MPG) festgelegt, was unter dem Begriff Medizinprodukt zu verstehen ist und somit unter die Branchenbezeichnung Medizintechnik fällt:

„Medizinprodukte sind alle einzeln oder miteinander verbunden verwendeten Instrumente, Apparate, Vorrichtungen, Software, Stoffe und Zubereitungen aus Stoffen oder andere Gegenstände einschließlich der vom Hersteller speziell zur Anwendung für diagnostische oder therapeutische

J. Ilg, *Systematische Eignungsanalyse zum Einsatz additiver Fertigungsverfahren*, BestMasters, https://doi.org/10.1007/978-3-658-24631-0_3

Zwecke bestimmten und für ein einwandfreies Funktionieren des Medizinproduktes eingesetzten Software, die vom Hersteller zur Anwendung für Menschen mittels ihrer Funktionen zum Zwecke

a) der Erkennung, Verhütung, Überwachung, Behandlung oder Linderung von Krankheiten,
b) der Erkennung, Überwachung, Behandlung, Linderung oder Kompensierung von Verletzungen oder Behinderungen,
c) der Untersuchung, der Ersetzung oder der Veränderung des anatomischen Aufbaus oder eines physiologischen Vorgangs oder
d) der Empfängnisregelung

zu dienen bestimmt sind und deren bestimmungsgemäße Hauptwirkung im oder am menschlichen Körper weder durch pharmakologisch oder immunologisch wirkende Mittel noch durch Metabolismus erreicht wird, deren Wirkungsweise aber durch solche Mittel unterstützt werden kann.“ [MPG17]

Dabei ist auf die exakte Abgrenzung des Begriffs zu achten, denn im Medizinproduktegesetz wird ebenfalls ausgeführt, welche Produkte nicht unter den Begriff Medizinprodukt fallen:

„Dieses Gesetz gilt nicht für

1. Arzneimittel im Sinne des § 2 des Arzneimittelgesetzes; die Entscheidung darüber, ob ein Produkt ein Arzneimittel oder ein Medizinprodukt ist, erfolgt insbesondere unter Berücksichtigung der hauptsächlichen Wirkungsweise des Produkts, es sei denn, es handelt sich um ein Arzneimittel im Sinne des § 2 Absatz 1 Nummer 2 Buchstabe b des Arzneimittelgesetzes,

2. kosmetische Mittel im Sinne des § 2 Absatz 5 des Lebensmittel-, Bedarfsgegenstände- und Futtermittelgesetzbuchs,

3. menschliches Blut, Produkte aus menschlichem Blut, menschliches Plasma oder Blutzellen menschlichen Ursprungs oder Produkte, die zum Zeitpunkt des Inverkehrbringens Bluterzeugnisse, -plasma oder -zellen dieser Art enthalten, soweit es sich nicht um Medizinprodukte nach § 3 Nr. 3 oder § 3 Nr. 4 handelt,

4. Transplantate oder Gewebe oder Zellen menschlichen Ursprungs und Produkte, die Gewebe oder Zellen menschlichen Ursprungs enthalten oder aus solchen Geweben oder Zellen gewonnen wurden, soweit es sich nicht um Medizinprodukte nach § 3 Nr. 4 handelt,

5. Transplantate oder Gewebe oder Zellen tierischen Ursprungs, es sei denn, ein Produkt wird unter Verwendung von abgetötetem tierischen Gewebe oder von abgetöteten Erzeugnissen hergestellt, die aus tierischen Geweben gewonnen wurden, oder es handelt sich um Medizinprodukte nach § 3 Nr. 4.“ [MPG17]

3.2 Produktklassifizierung von Medizinprodukten

Medizinprodukte nach der Definition des Medizinproduktegesetzes werden nach § 13 MPG und Artikel 9 in Verbindung mit Anhang IX der europäischen Richtlinie 93/42/EWG in vier verschiedene Risikoklassen unterschieden [MPG17], [EUR93]. Dabei wird zwischen Klasse I mit geringem Risikopotenzial, Klasse IIa mit mittlerem Risikopotenzial, Klasse IIb mit erhöhtem Risikopotenzial und Klasse III mit besonders hohem Risikopotenzial für den Patienten differenziert [LMP12]. Je höher die Risikoklassifizierung, desto mehr gesetzliche Vorschriften sind zu beachten (vgl. Abbildung 16). Dabei können die verschiedenen Risikoklassen durch Anwendungsdauer, Anwendungsort und Produktaktivität differenziert werden. Produkte der Klasse I sind in der Regel zur vorübergehenden, nichtinvasiven Benutzung von nichtaktiven Produkten gedacht. Klasse III Produkte sind hingegen meist aktiv und werden langzeitlich sowie invasiv angewendet.

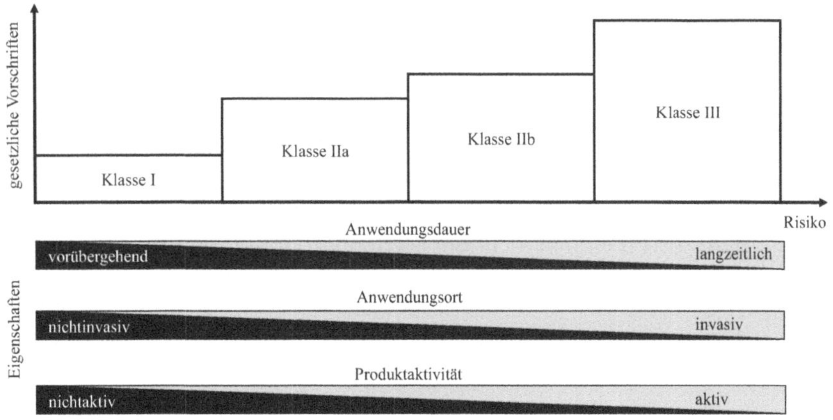

Abbildung 16: Risikoklassifizierung von Medizinprodukten
Quelle: Eigene Darstellung in Anlehnung an [Zip16], modifiziert nach [TW08].

Für ein besseres Verständnis der verschiedenen Risikoklassen sind diese in Tabelle 5 genauer beschrieben und beispielhafte Produkte angeführt.

Die dargestellte Übersicht soll ein generelles Verständnis über die Klassifizierung der Medizinprodukte schaffen. Für eine detailliertere Betrachtung wird an dieser Stelle auf den Anhang IX der Richtlinie 93/42/EWG [EUR93] sowie den Ausführungen von [Zip16] und [LMP12] verwiesen.

Tabelle 5: Beschreibung mit Beispielen der Risikoklassen von Medizinprodukten
Quelle: Eigene Darstellung in Anlehnung an [Zip16], [LMP12], [Wil15].

Risiko-klasse	Beschreibung	Beispiele
I	– Nahezu alle nicht invasiven Produkte – Invasive Produkte mit vorübergehender Anwendungsdauer – Wiederverwendbare chirurgische Instrumente	Brillen, Stethoskope, Verbandsmittel, Rollstühle, Halskrausen, Skalpelle
IIa	– Nicht invasive Produkte zur Durchleitung und Aufbewahrung von Blut, anderen Körperflüssigkeiten oder -geweben etc. – Chirurgisch-invasive Produkte zur vorübergehenden bzw. kurzzeitigen Anwendung – Invasive Produkte mit kurzzeitiger Anwendungsdauer – Produkte zur Implantierung in die Zähne – Aktive therapeutische und diagnostische Produkte	Externe Hörgeräte, Kontaktlinsen, Blasenkatheter, diagnostischer Ultraschall, TENS-Geräte, Blutpumpe, Zahnimplantate, Poistronen-Emissions-Tomographen
IIb	– Implantierbare sowie (chirurgisch-) invasive Produkte zur langzeitigen Anwendung – Nicht implantierbare und nichtinvasive Produkte zur Empfängnisverhütung – Aktiv therapeutische Produkte mit Gefahrenpotential und zum Aussenden ionisierender Strahlung für radiologische Diagnostik und Therapie – Blutbeutel	Periphere Gefäßprothesen oder Stents, Brachytherapiegeräte, Dialysatoren, chirurgische Laser, Narkosegeräte, Defibrillatoren, Röntgengeräte, Beatmungsgeräte
III	– Produkte, die Arzneimittel enthalten oder abgeben sollen, im Körper eine chemische Änderung erfahren, dazu bestimmt sind, eine biologische Wirkung zu entfalten oder vollständig oder in bedeutendem Umfang resorbiert zu werden oder zur Verwendung im direkten Kontakt mit dem Herz, dem zentralen Kreislaufsystem oder dem zentralen Nervensystem bestimmt sind	Herzschrittmacher, Herzklappen, Hüft- und Kniegelenksendprothesen, Brustimplantate, intrakranielle Stents, koronare Stents

Neben der Unterteilung der Produkte in verschiedene Risikoklassifizierungen, können Medizinprodukte außerdem anhand der Produktart unterschieden werden. Im Rahmen dieser Arbeit wird die Unterteilung der Gesellschaft MedicalMountains verwendet. Diese unterteilt Medizinprodukte in bildgebende Systeme, chirurgische Instrumente, Containersysteme, Einmalartikel, elektromedizinische Geräte, Endoskope, Implantate/Implantatsysteme, medizinische IT/Software, medizinische Leuchten, Pflege-/Hygiene-/Bedarfsartikel, sonstige Klinikausstattung, sonstige OP-Ausstattung sowie Stents/Kathetersysteme [Med17].

3.3 Eigenschaften der Medizintechnikbranche

3.3.1 Überblick

Durch die für die vorliegende Arbeit durchgeführte Recherche zur Medizintechnik werden vier wesentliche Eigenschaften der Branche identifiziert. So zeichnet sich die Medizintechnik-Branche durch eine hohe Wachstumsdynamik sowie eine hohe Innovationskraft aus. Zudem ist sie geprägt durch diverse Regulierungen und einen starken Mittelstand. Diese Eigenschaften werden im Folgenden näher erläutert.

3.3.2 Wachstumsdynamik

Die weltweite Medizintechnikindustrie ist durch eine hohe Wachstumsdynamik gekennzeichnet. So kann seit 2009 ein nahezu kontinuierliches Umsatzwachstum beobachtet werden und bis 2022 wird der Branche weltweit eine durchschnittliche jährliche Umsatzwachstumsrate von 5,1% prognostiziert (vgl. Abbildung 17) [Eva17]. Der Automobilindustrie wird zum Vergleich ein jährlich weltweites Umsatzwachstum von 4,4% vorausgesagt [McK16]. Dabei besitzen vor allem die Schwellenmärkte ein großes Potenzial für die Medizintechnikindustrie. So soll, aktuellen Schätzungen zufolge, der Medizintechnikmarkt in China bis 2022 um 13% und in Indien sogar um 17% anwachsen [Bos17].

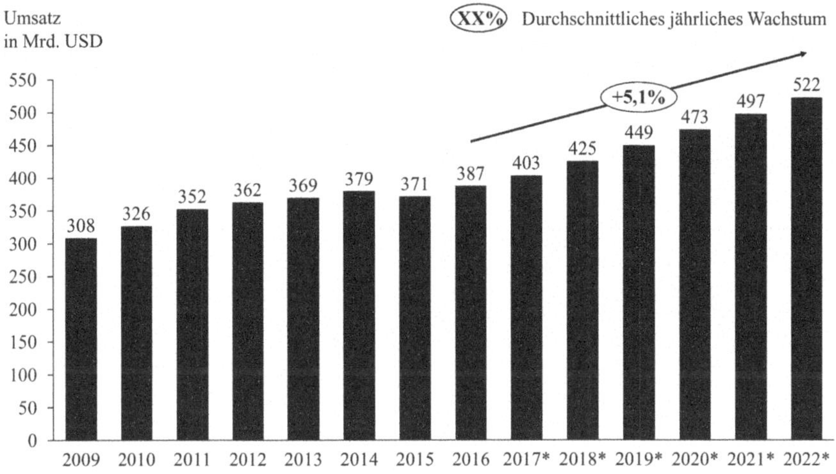

Abbildung 17: Umsatzentwicklung der weltweiten Medizintechnikindustrie in Mrd. USD
* Prognosewerte
Quelle: [Eva17], eigene Berechnungen

Neben dem weltweiten Umsatzwachstum kann die Wachstumsdynamik der Branche auch bei Betrachtung der wesentlichen Kennzahlen der deutschen Medizintechnikindustrie festgestellt werden (vgl. Abbildung 18).

Der weltweite Umsatz der Betriebe mit mehr als 20 Mitarbeitern in der deutschen Medizintechnikindustrie steigt seit 2009 stetig. Dieses Umsatzwachstum beläuft sich dabei auf insgesamt 46% von 20 auf 29 Milliarden Euro im Vergleich zum Jahr 2009, wobei das durchschnittliche jährliche Umsatzwachstum 5,6% beträgt. Davon beziehen sich zwei Drittel auf den Umsatz, der von deutschen Unternehmen im Ausland erwirtschaftet wird. Dieser erhöht sich um 49% von 12,5 auf 18,6 Milliarden Euro im Vergleich zu 2009 wohingegen sich der Inlandsumsatz um 41% von 7,5 auf 10,6 Milliarden Euro erhöht hat. Die Exportquote bleibt in dem betrachteten Zeitraum weitestgehend stabil bei 65% (±3%).

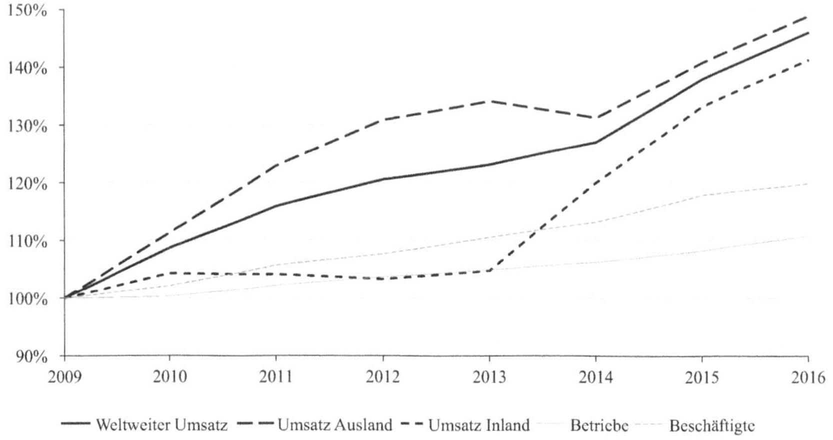

Abbildung 18: Kennzahlen der deutschen Medizintechnikindustrie von 2009 bis 2016 indexiert (2009 = 100%)
Quelle: [BVM17b], [BVM17c], [BVM17a], [Spe17c], [Spe17a], eigene Berechnungen

Die Zahl der Beschäftigten hat sich seit 2009 in Betrieben mit mehr als 20 Mitarbeitern um ein Fünftel erhöht, was einer Beschäftigtenzahl von 22.000 entspricht. In diesem Zeitraum ist die Zahl der Betriebe mit mehr als 20 Mitarbeitern um insgesamt 123 auf 1.258 gestiegen.

3.3.3 Innovationskraft

Neben der Wachstumsdynamik zeichnet sich die Medizintechnikbranche durch eine hohe Innovationsstärke aus. Dies kann beispielsweise an der Anzahl der europäischen Patentanmeldungen festgemacht werden. So wurden im Gebiet der Medizintechnik im Jahr 2017 insgesamt 13.090 Patente beim Europäischen Patentamt eingereicht (vgl. Abbildung 19). Damit ist die Medizintechnik die Branche mit den meisten Patentanmeldungen in Europa, gefolgt von der Kommunikationstechnik mit 11.694 Patenten, der Informationstechnik mit 11.174 Patenten und der Elektroindustrie mit 10.402 Patenten. Bei Betrachtung des geografischen Ursprungs der Patente in der Medizintechnik, liegt Deutschland auf dem zweiten Rang mit 1.340 Patenten (10%), hinter den Vereinigten Staaten von Amerika mit 4.872 Patenten (37%) und vor Japan mit 1.217 Patenten (9%) [Eur17].

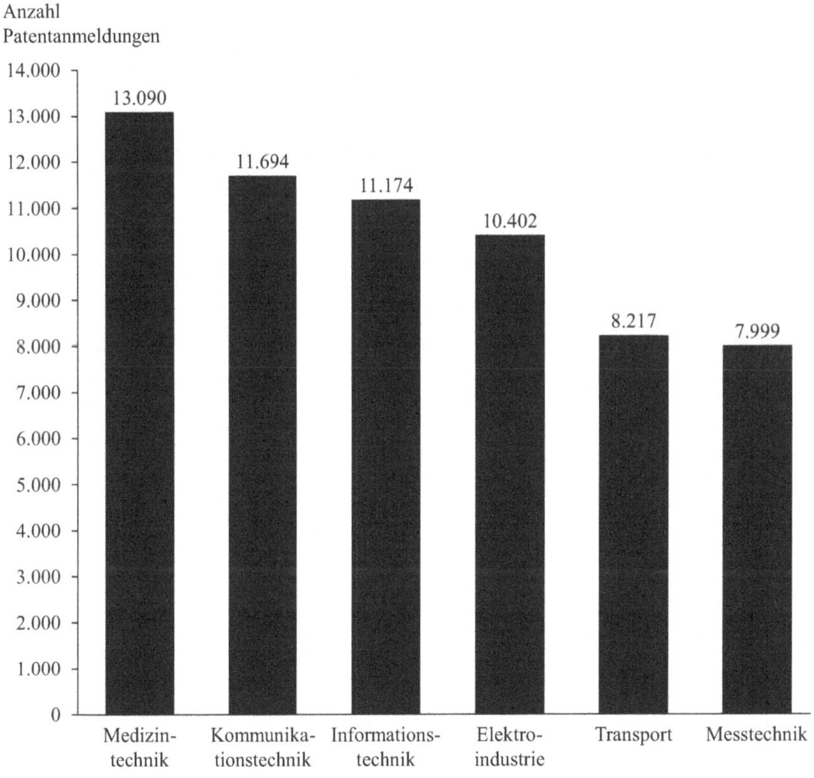

Abbildung 19: Patentanmeldungen beim Europäischen Patentamt nach technischem Gebiet in 2017

Quelle: [Eur17]

Neben der großen Zahl an Patenten stellt die F&E-Quote die Innovationskraft der Medizintechnik heraus. So betragen die Ausgaben für Forschung und Entwicklung am Umsatz 9%, und damit doppelt so viel wie beim Durchschnitt des verarbeitenden Gewerbes [BJ11].

3.3.4 Regulierungen

Die Medizintechnikbranche ist durch eine Vielzahl an Regulierungen gekennzeichnet. Neben dem bereits aufgeführten deutschen Medizinproduktegesetz (MPG) gelten die Ausführungen der europäischen Richtlinien 93/42/EWG und 90/385/EWG, die durch die seit Mai 2017 in Kraft getretene europäische Medizinprodukteverordnung (MDR) mit Geltungsbeginn im Jahr 2020 abgelöst werden [BVM18]. Durch die MDR steigen die Anforderungen an die Hersteller zum Inverkehrbringen, Bereitstellen und Inbetriebnehmen von Medizinprodukten, was besonders für kleine und mittelständische Unternehmen erhebliche Herausforderungen und steigende Kosten mit sich bringt [BVM18], [Spe17b]. Durch diese zusätzlichen Aufwendungen zur Einhaltung der Verordnung könnten beispielsweise Nischen-produkte den Patienten nicht mehr zur Verfügung stehen, da diese wegen mangelnder Wirtschaftlichkeit aus dem Produktionsprogramm genommen werden [Spe17b].

Neben den deutschen und europäischen Richtlinien, müssen je nach Exportgeschäft weitere regionale Richtlinien beachtet werden. Die Zulassung zum Inverkehrbringen von Medizinprodukten in die USA, in welche die deutschen Medizintechnikunternehmen 2016 den größten Teil ihrer Exportprodukte vertrieben, wird von der U.S. Food&Drug Administration (FDA) durchgeführt [Spe17b]. Dieses Zulassungsverfahren gilt zwar als transparent und berechenbar, ist jedoch vergleichsweise teuer und zeitaufwändig [Spe17b].

Zusätzlich zu den bereits aufgeführten Verordnungen und Gesetze reguliert die DIN EN ISO 13485 die Anforderungen an das Qualitätsmanagementsystem für jede Organisation, „die an einer oder mehreren Stufen des Lebenszyklus eines Medizinprodukts beteiligt ist, einschließlich Entwicklung, Produktion, Lagerung und Vertrieb, Installation, Instandhaltung und endgültige Außerbetriebnahme und Entsorgung von Medizinprodukten sowie Entwicklung oder Bereitstellung von damit zusammenhängenden Tätigkeiten (z. B. technischer Support).“ [DIN16]

3.3.5 Prägung durch Mittelstand

Die deutsche Medizintechnikindustrie ist wesentlich durch den Mittelstand geprägt. So sind 98% der deutschen Medizintechnikunternehmen dem Mittelstand mit weniger als 250 Beschäftigten zugeordnet (vgl. Abbildung 20). Diese Unternehmen beschäftigen dabei zwei Drittel der Angestellten in der Branche.

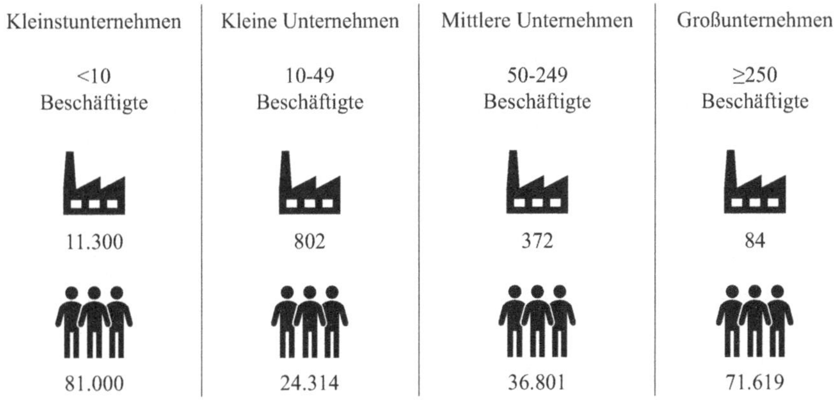

Abbildung 20: Branchenstruktur der deutschen Medizintechnikindustrie im Jahr 2017
Quelle: [Spe17c], [BVM18]

Die Medizintechnikindustrie kann in Kleinstunternehmen mit weniger als 10 Beschäftigten, kleine Unternehmen mit 10-49 Beschäftigten, mittlere Unternehmen mit 50-249 Beschäftigten sowie Großunternehmen mit 250 Beschäftigten und mehr unterteilt werden. In Deutschland gibt es insgesamt 11.300 Kleinstunternehmen, bei denen die meisten Angestellten der Branche (38%) beschäftigt sind [BVM18]. Darüber hinaus gibt es 802 kleine Unternehmen bei denen 11% der Angestellten arbeiten sowie 372 mittlere Unternehmen, bei denen 17% der Angestellten beschäftigt sind. In den 84 Großunternehmen arbeiten knapp 72.000 Mitarbeiter, was 34% der Beschäftigten in der Branche entspricht.

3.4 Fazit zur Medizintechnik

Im Zuge dieses Kapitels wird zunächst der Begriff des Medizinproduktes definiert sowie die Klassifizierung in die vier Risikoklassen vorgestellt, um ein grundlegendes Verständnis über die Medizintechnik zu schaffen. Darüber hinaus liefert die genauere Betrachtung der Medizintechnikbranche die vier zentralen Eigenschaften der Branche: Wachstumsdynamik, Innovationskraft, Regulierungen und Prägung durch Mittelstand. Diese Eigenschaften machen die Branche interessant für eine Anwendung von additiven Fertigungstechnologien. Denn durch die hohe Wachstumsdynamik mit steigenden Umsätzen ist mehr Kapital in der Branche vorhanden, das für neue Produktionsverfahren eingesetzt werden kann. Darüber hinaus bescheinigt die hohe Innovationskraft der Branche ein großes Interesse an Neu- und Weiterentwicklungen von bestehenden Produkten und Verfahren und lässt somit auf ein Interesse an neuen, additiven Fertigungstechnologien schließen. Die Prägung durch den Mittelstand mit einer sehr großen Anzahl an kleinen und mittleren Unternehmen unterstreicht die Wettbewerbsintensität der Branche, bei dem sich die Unternehmen durch Weiterentwicklungen und neuen Möglichkeiten in Bezug auf Produkten und Verfahren von der Konkurrenz abheben müssen, um in dem kompetitiven Markt weiterhin erfolgreich zu bleiben.

4 Studie zur additiven Fertigung in der Medizintechnik

In diesem Kapitel werden die betrachteten Grundlagen in Zusammenhang gebracht und der aktuelle Stand von additiven Fertigungsverfahren in der Medizintechnik untersucht. Dabei sollen Herausforderungen bei der additiven Fertigung von Medizintechnikprodukten identifiziert werden. Zur Ermittlung des Status Quo und dieser Herausforderungen wird eine empirische Datenerhebung unter Medizintechnikunternehmen in Deutschland durchgeführt.

Für dieses Kapitel ergeben sich somit folgende zwei Leitfragen:

- Wie ist der aktuelle Stand des Einsatzes von additiven Fertigungsverfahren in der Medizintechnik?
- Vor welchen Herausforderungen und Handlungsfeldern stehen die Unternehmen beim Einsatz von additiven Fertigungsverfahren?

4.1 Vorgehensweise der empirischen Untersuchung

Die vorgenommene Untersuchung besteht aus acht aufeinanderfolgenden Schritten, die im Folgenden näher erläutert werden (vgl. Abbildung 21).

Abbildung 21: Methodische Vorgehensweise der empirischen Untersuchung
Quelle: Eigene Darstellung in Anlehnung an [Rai08]

J. Ilg, *Systematische Eignungsanalyse zum Einsatz additiver Fertigungsverfahren*, BestMasters, https://doi.org/10.1007/978-3-658-24631-0_4

4.1.1 Festlegung der Forschungsfrage

Das Ziel der empirischen Untersuchung ist es, den allgemeinen Status Quo von additiven Fertigungsverfahren in der Medizintechnik zu ermitteln, um ein generelles Bild über die Branche zu generieren. In diesem Zuge sollen insbesondere die Herausforderungen ermittelt werden, mit denen sich Medizintechnikunternehmen konfrontiert sehen, wenn sie additive Fertigungsverfahren einsetzen möchten. Diese Herausforderungen stellen einen Ansatzpunkt für die Wissenschaft dar, um Lösungen zur weiteren Etablierung der Technologie zu finden.

Aus diesem Grund soll die empirische Untersuchung folgende zwei Forschungsfragen, die sich an den Leitfragen dieses Kapitels orientieren, beantworten:

- Inwiefern werden additive Fertigungsverfahren aktuell in der Medizintechnik eingesetzt?
- Welche Herausforderungen und Handlungsfelder gibt es aktuell, die den Einsatz von additiven Fertigungsverfahren in der Medizintechnik erschweren?

4.1.2 Hypothesenbildung

Neben der generellen Erhebung zum aktuellen Stand und den Herausforderungen von additiven Fertigungsverfahren in der Medizintechnik sollen durch die Befragung außerdem verschiedene Hypothesen geprüft werden. Unter einer Hypothese wird dabei eine Aussage verstanden, die einen Zusammenhang zwischen zwei Variablen herstellt [Rai08]. Folgende drei Hypothesen sollen durch die Befragung überprüft werden:

Hypothese Nr. 1: Je größer das Unternehmen desto besser sind die Kenntnisse über additive Fertigungsverfahren.

Hypothese Nr. 2: Je größer das Unternehmen desto mehr Erfahrung hat es in Bezug auf die additive Fertigung.

Hypothese Nr. 3: Je besser die aktuellen Kenntnisse zur additiven Fertigung desto positiver wird die Rolle der additiven Fertigung in den nächsten zehn Jahren bewertet.

4.1.3 Auswahl und Beschreibung der Untersuchungspopulation

Die Grundgesamtheit von Medizintechnikunternehmen in Deutschland beträgt im Jahr 2017 12.558 Unternehmen, wie bereits im dritten Kapitel in Abbildung 20 aufgezeigt wurde [Spe17c], [BVM18]. Da eine Vollerhebung als zu langwierig angesehen wird und den Rahmen dieser Arbeit sprengen würde, wird eine Stichprobenbefragung durchgeführt, von der Generalisierungen auf die Grundgesamtheit vorgenommen werden [Rai08].

Zur Auswahl der Stichprobe werden alle Medizintechnikunternehmen ausgewählt, die in folgenden Quellen aufzufinden waren:

- Weltzentrum der Medizintechnik: Überblick über Medizintechnikunternehmen in der Region Tuttlingen [Squ18].
- Chirurgieführer 2018: Vorstellung von Unternehmen mit Kompetenzen in der Herstellung von chirurgischen Instrumenten [ACI18].
- Medizintechnikatlas: Kurzprofile von Medizintechnikunternehmen aus unterschiedlichen Bereichen [Med15].

Im ersten Schritt werden die Medizintechnikunternehmen über die oben genannten, frei einsehbaren Listen identifiziert. Insgesamt werden auf diese Weise 491 Unternehmen identifiziert, wovon 228 (46%) im Weltzentrum der Medizintechnik, 179 (37%) im Chirurgieführer und 84 (17%) im Medizintechnikatlas aufgeführt waren.

Im zweiten Schritt werden Unternehmen von der Stichprobe ausgeschlossen, die für die angestrebte Studie ungeeignet sind. Folgende Unternehmen werden nicht berücksichtigt:

- 123 Unternehmen, die doppelt aufgeführt sind
- 3 Unternehmen, die nicht in Deutschland tätig sind
- 62 Unternehmen, die keine Hersteller von Medizinprodukten sind
- 7 Unternehmen, die nicht mehr vorhanden sind

Somit werden insgesamt 296 der 491 Unternehmen für die Untersuchungsstichprobe einbezogen. Die Auswahl dieser Unternehmen ist in Abbildung 22 dargestellt.

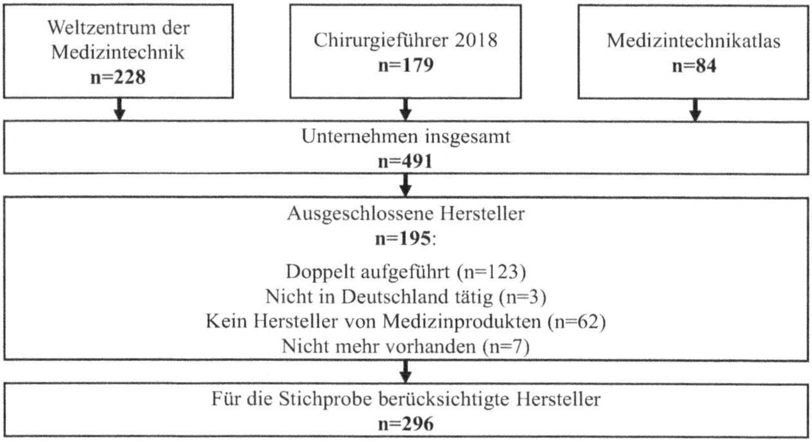

Abbildung 22: Auswahl der Untersuchungsstichprobe
Quelle: Eigene Darstellung

Im dritten Schritt werden zu jedem berücksichtigten Unternehmen die Kontaktdaten der Geschäftsführung, bestehend aus Email-Adresse und Ansprechperson recherchiert, um so ein zielgerichtetes Anschreiben zu ermöglichen.

4.1.4 Forschungsmethode

Zur Erhebung der Daten wird eine quantitative Befragungsmethode mittels einer Online-Befragung ausgewählt. Diese Auswahl begründet sich darauf, dass die Datengewinnung mit vergleichsweise geringen Kosten und geringem Zeitaufwand durchgeführt werden kann [Pöt09]. Darüber hinaus besteht eine direkte Verfügbarkeit der Daten nach der Beantwortung, was eine schnelle und fehlerreduzierte Verarbeitung ermöglicht [Pöt09]. Außerdem kann der Zeitpunkt der Durchführung von jedem Teilnehmer flexibel gewählt werden, was die Chancen einer Teilnahme erhöht [Zip16].

Die Erhebung erfolgt nach den geltenden Datenschutzrichtlinien komplett anonym und es können keine Rückschlüsse auf die teilnehmenden Personen gezogen werden. Die Angabe der E-Mail-Adresse zur anschließenden Zusendung der Ergebnisse geschieht auf freiwilliger Basis. Kritisch ist dabei zu sehen, dass sich durch die anonyme Datenerhebung eine wiederholte Dateneingabe der Teilnehmer nicht verhindern lässt [BF09].

4.1.5 Fragebogenkonzeption

Der konzipierte Fragebogen, der im Anhang A zu finden ist, besteht aus den folgenden fünf Bereichen:

- Einleitung
- Angaben zum Unternehmen
- Additive Fertigungsverfahren im Unternehmen

- Additive Fertigungsverfahren allgemein (Potenziale, Herausforderungen und Handlungsfelder)
- Angaben zur Person

Zu Beginn des Fragebogens wird dem Teilnehmenden in einer Einleitung ein Überblick über den Hintergrund der Umfrage gegeben. Um eine möglichst hohe Teilnahmebereitschaft zu erzielen werden die Möglichkeiten zur Steigerung der Rücklaufquote von Kornmeier in Betracht gezogen [Kor07]. So werden zu Beginn der Untersuchungszweck und der Zeitaufwand für das Ausfüllen des Fragebogens aufgezeigt. Zudem wird sich bereits im Vorfeld der Studie für die Teilnahme bedankt und eine Telefonnummer sowie eine E-Mail-Adresse für eventuelle Rückfragen der Befragungsteilnehmenden angegeben. Zudem werden die Anonymität und der Datenschutz beim Umgang mit den erhobenen Daten zugesichert, damit die Teilnehmenden mit bestem Wissen auf die gestellten Fragen antworten. Außerdem ist es jederzeit möglich, eine Frage mit der Auswahlmöglichkeit „Keine Angabe“ zu beantworten.

Als Anreiz für die Teilnahme der Unternehmen wird jedem Teilnehmenden nach Abschluss der Studie eine Zusammenstellung der Ergebnisse zugesendet. Dafür ist am Ende der Befragung eine E-Mail-Adresse einzugeben, die separat von den erhobenen Daten gespeichert wird und somit keine Rückschlüsse auf die Antworten zulässt.

Im zweiten Abschnitt des Fragebogens werden acht Fragen (1.1-1.8) zum jeweiligen Unternehmen gestellt. Die Fragen thematisierten den Jahresumsatz mit Medizinprodukten, die Bilanzsumme des Unternehmens, die Mitarbeiteranzahl, der Hauptsitz des Unternehmens, die Vertriebsregion, die hergestellten Risikoklassen, das Produktportfolio sowie den Fertigungstyp. Dabei sind bei einigen Fragen Mehrfachnennungen möglich. Bei den Fragen zur Risikoklassifizierung sowie zum Produktportfolio bilden die in

Abschnitt 3.2 dargestellten Risikoklassen und Produktarten die möglichen Antworten. Zudem bezieht sich die Unterteilung der Mitarbeiter in die verschiedenen Kategorien auf die in Abschnitt 3.3.5 aufgeführte Branchenstruktur.

Der dritte Block der Umfrage dient der Ermittlung des Status Quo von additiven Fertigungsverfahren in der Medizintechnik. Die ersten fünf Fragen (2.1-2.5) betrachten die vorhandenen Kenntnisse über die Technologie, die heutige und zukünftige Rolle der Technologie in der Produktion des Unternehmens sowie die bisherige Erfahrung in der additiven Fertigung von Medizinprodukten. Der Fragebogen ist dabei dynamisch aufgebaut, denn je nach Antwort auf die Frage nach der Erfahrung mit der additiven Herstellung werden in der Folge verschiedene Fragen angezeigt (2.6-2.10). Sollte das Unternehmen schon Erfahrung mit der additiven Fertigung haben, folgen vier weitere Fragen, die das Produktportfolio, die Risikoklasse, die Materialien sowie das eingesetzte Verfahren zur additiven Fertigung erfragen. Bei der Auswahl der Antwortmöglichkeit „Nein“ zu der Frage nach der vorhandenen Erfahrung mit additiver Fertigung, wird zunächst nach einem geplanten Einsatz der Technologie gefragt. Anschließend werden vier hypothetische Fragen zum Produktportfolio, den Risikoklassen, den Materialien und den Fertigungsverfahren gestellt, bei welchen sich das Unternehmen den Einsatz von additiven Fertigungsverfahren vorstellen kann.

Der vierte Block der Umfrage beinhaltet vier Fragen zu den Potenzialen, Herausforderungen und Handlungsfeldern der additiven Fertigungstechnologie aus Sicht der Unternehmen (3.1-3.4). Dabei wird eine sechsstufige Bewertungsskala von 0 (sehr gering) bis 5 (sehr hoch) gewählt.

Den fünften Block der Umfrage bilden drei Fragen (4.1-4.3) zu der Person, die den Fragebogen ausfüllt. Dabei wird die Funktion im Unternehmen und die Berufserfahrung im Bereich Medizintechnik erfragt sowie um eine

Stellungnahme bezüglich der Relevanz für das Tätigkeitsfeld der befragten Person, erhaltenen Anregungen für den Einsatz von additiven Fertigungsverfahren sowie der Einschätzung der eigenen Kompetenz gebeten. Dies soll einen Einblick in die Struktur der befragten Teilnehmer ermöglichen und Aussagen zur Plausibilität der Ergebnisse ermöglichen.

4.1.6 Datenerhebung

Zur Umsetzung des Fragebogens wird die Online-Umfrageplattform Qualtrics ausgewählt (www.qualtrics.com). Diese ermöglicht eine separate Speicherung der E-Mail-Adressen der Teilnehmenden, sofern diese sie am Ende der Befragung angeben möchten. Darüber hinaus bietet die Plattform umfangreiche Möglichkeiten der Datenanalyse und -aufbereitung, was die Auswertung der Ergebnisse vereinfacht. Nachdem der Fragebogen in der Umfrageplattform eingetragen ist, wird dieser veröffentlicht und ist über einen umfragespezifischen Link im Internet abrufbar.

Auf Basis der zuvor ermittelten Kontaktdaten werden personalisierte E-Mails an die Geschäftsführung der für die Stichprobe berücksichtigten 296 Unternehmen versendet. Dabei ist sowohl die Anrede auf die jeweilige Ansprechperson angepasst sowie in der Grußformel der Standort des Unternehmens genannt (vgl. Anhang B). Dies soll die Rücklaufquote erhöhen, da das jeweilige Unternehmen bzw. die jeweilige Ansprechperson direkt angesprochen wird. Die E-Mail enthält einen Link, der die Unternehmen direkt zur Startseite der erstellten Umfrage führt. Dabei wird der Link in den Text „Hochschule Reutlingen: Additive Fertigungsverfahren/3D-Druck in der Medizintechnik“ integriert, um die Seriosität des Links zu unterstreichen und nicht als Spam-Mail aussortiert zu werden.

Um die Rücklaufquote weiter zu erhöhen wird zwei Wochen nach der ersten E-Mail eine personalisierte Erinnerungs-Mail zur Teilnahme an der Befragung versendet (vgl. Anhang C).

Zusätzlich zu der reinen Online-Befragung werden im Zuge dieser Arbeit qualitative Interviews durchgeführt, um weitere Einsichten zu bekommen, die im Fragebogen nicht abgedeckt werden. Das qualitative Interview besteht dabei zunächst aus dem gleichen quantitativen Fragebogen, der online zugänglich ist. Somit ist dieser Teil in den Ergebnissen der quantitativen Umfrage zu finden. Darüber hinaus wird in einem zusätzlichen qualitativen Teil auf Themen näher eingegangen, die seitens des Teilnehmenden zur Sprache gebracht werden. Fragen, die seitens des Interviewenden innerhalb des qualitativen Gesprächs gestellt werden, sind:

- Was sind aus ihrer Sicht die größten Hindernisse, um additive Fertigungsverfahren in Ihrem Unternehmen einzuführen / was müsste sich ändern, damit Sie 3D-Druck in Ihrem Unternehmen einführen?
- Welche Herausforderungen/Probleme erwarten Sie bei der Einführung einer neuen Technologie?
- Welche Besonderheiten weist Ihrer Meinung nach die Medizintechnik auf?

4.1.7 Datenaufbereitung

Während des Befragungszeitraums haben insgesamt 40 Unternehmen die Befragung begonnen, was 13,5% der Untersuchungsstichprobe entsprechen. 12 Teilnehmende (4%) haben dabei die Befragung nicht beendet, weshalb die Antworten nicht in der Studie berücksichtigt werden. Darüber hinaus werden zwei Datensätze (0,7%) von der Studie ausgeschlossen, da entweder der Großteil der Fragen mit „Keine Angabe" beantwortet oder die Bewertung der Potenziale, Herausforderungen sowie Handlungsfelder durchgehend mit „0" ausgefüllt wurden. Somit verbleiben 26 verwertbare Datensätze, was einer Rücklaufquote von 8,8% entspricht. Der beschriebene Rücklauf ist im Wasserfalldiagramm in Abbildung 23 dargestellt.

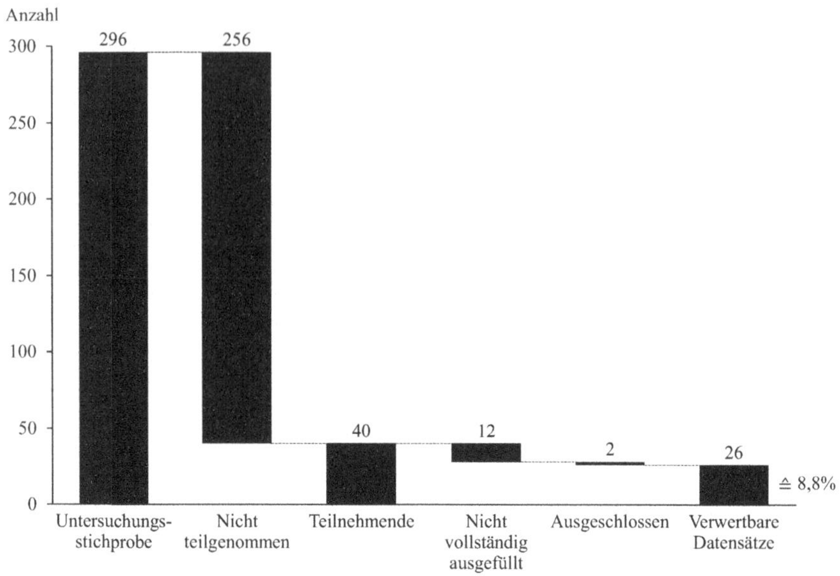

Abbildung 23: Rücklauf der quantitativen Online-Befragung
Quelle: Eigene Darstellung

4.1.8 Datenanalyse

Die verwertbaren Datensätze werden anhand von deskriptiven Analysen untersucht. Dafür werden für die Nominalskalen der Online-Befragung eindimensionale Häufigkeitsverteilungen verwendet [Ben07]. Im Speziellen werden die absolute sowie die relative Häufigkeit der Antwortmöglichkeiten erhoben. Bei den im Folgenden angegebenen relativen Häufigkeiten kann bei der Addition der einzelnen relativen Häufigkeiten ein Wert von mehr als 100% entstehen. Dies ist auf vorgenommene Rundungen zurückzuführen. Für die Ordinalskalen, der Online-Befragung werden zusätzlich zu den Häufigkeitsverteilungen weitere Maßzahlen zur Beschreibung univarianter Verteilungen errechnet: das arithmetische Mittel sowie die Standardabweichung [Ben07].

Die Ergebnisse der deskriptiven Analyse werden zum einen in Form von Balkendiagrammen und zum anderen zusätzlich in Tabellenform dargestellt. Zur Darstellung der Ordinalskalen und der ermittelten Kennzahlen wird darüber hinaus ein Histogramm verwendet, dessen grundsätzlicher Aufbau in Abbildung 24 abgebildet ist.

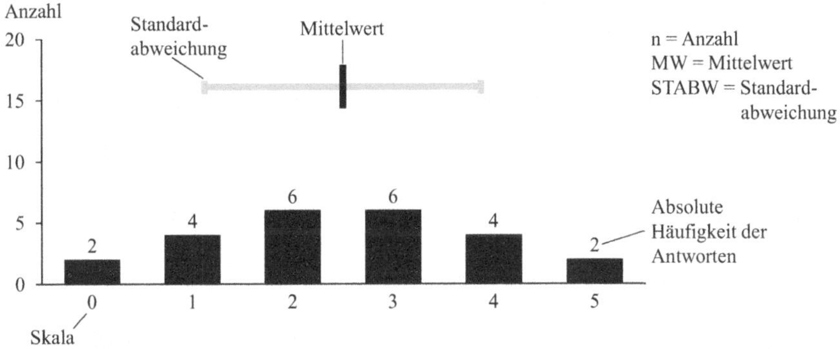

Abbildung 24: Prinzipieller Aufbau des Histogramms
Quelle: Eigene Darstellung

Zur Überprüfung der Hypothesen wird das Statistik-Programm „SPSS" des Unternehmens IBM genutzt. Dabei wird zur Überprüfung statistisch signifikanter Zusammenhänge zwischen den ausgewählten Variablen der sog. Chi-Quadrat-Test (χ^2-Test) verwendet [Rai08].

4.2 Ergebnisse der empirischen Untersuchung

Im Folgenden werden die Ergebnisse der durchgeführten Online-Umfrage vorgestellt. Dabei wird die Struktur der befragten Unternehmen, der aktuelle Stand der additiven Fertigungstechnologie in der Medizintechnik, die Prüfung der Hypothesen sowie ausgewählte Handlungsfelder und Herausforderungen zum Einsatz additiver Fertigungsverfahren vorgestellt.

Die Auswertung der Umfrage und der qualitativen Interviews liefert darüber hinaus weitere Erkenntnisse zu den Potenzialen, Herausforderungen und Handlungsfeldern der additiven Fertigung, die im Rahmen dieser Arbeit nicht betrachtet werden. Diese sind im Anhang D sowie im Anhang E zu finden.

4.2.1 Struktur der befragten Unternehmen

Tabelle 6 gibt einen Überblick über die strukturellen Angaben zu den teilnehmenden Medizintechnik-Unternehmen.

Tabelle 6: Ausgewertete Angaben zur Struktur der befragten Medizintechnikunternehmen
Quelle: Eigene Darstellung

Kriterium	absolute Häufigkeit	relative Häufigkeit	Grafische Darstellung
Jahresumsatz mit Medizinprodukten in 2017			
0 bis 2 Mio. EUR	6	23%	
2 bis 10 Mio. EUR	12	46%	
10 bis 50 Mio EUR	5	19%	
Mehr als 50 Mio. EUR	2	8%	
Keine Angabe	1	4%	
Bilanzsumme des Unternehmens in 2017			
0 bis 2 Mio. EUR	5	19%	
2 bis 10 Mio. EUR	12	46%	
10 bis 50 Mio EUR	2	8%	
Mehr als 50 Mio. EUR	1	4%	
Keine Angabe	6	23%	
Mitarbeiter im Medizinprodukte-Bereich (umgerechnet auf Vollzeitbasis)			
<= 10	3	12%	
10 bis 49	15	58%	
50 bis 249	5	19%	
>= 250	3	12%	
Keine Angabe	0	0%	

Insgesamt 88% der befragten Unternehmen weisen im Jahr 2017 einen Jahresumsatz von unter 50 Millionen Euro aus, wohingegen 8% einen Umsatz von mehr als 50 Millionen Euro erwirtschafteten. Ein Befragter macht hierzu keine Angabe.

In Anbetracht der Bilanzsumme des Unternehmens im Jahr 2017 geben 73% der befragten Medizintechnikunternehmen an, eine Bilanzsumme unter 50 Millionen Euro aufzuweisen. 4% hingegen haben eine Bilanzsumme von mehr als 50 Millionen Euro und 23% machen zu dieser Frage keine Angabe.

Insgesamt 23 der befragten Unternehmen, was 88% der Teilnehmenden entspricht, haben im Jahr 2017 weniger als 250 Mitarbeiter beschäftigt. Die restlichen 12% haben dagegen 250 Mitarbeiter und mehr.

Auf Basis des Jahresumsatzes und der Mitarbeiterzahl sind nach der Empfehlung der EU-Kommission 2003/361/EG, Anhang Artikel 2, 88% der teilnehmenden Unternehmen den Kleinstunternehmen und den kleinen und mittleren Unternehmen (KMU), zuzuordnen [Eur03]. Dies spiegelt die in Abschnitt 3.3.5 herausgearbeitete Prägung durch den Mittelstand auch in der durchgeführten Befragung wider.

Zu den strukturellen Angaben der Teilnehmenden zählt ebenfalls das hergestellte Produktportfolio dieser Unternehmen. Tabelle 7 listet die hergestellten Medizinprodukte in der Reihenfolge der relativen Häufigkeit auf.

Tabelle 7: Ausgewertete Angaben zu den hergestellten Medizinprodukten der befragten Medizintechnikunternehmen
Quelle: Eigene Darstellung

Hergestellte Medizinprodukte (Mehrfachauswahl möglich)	**absolute Häufigkeit**	**relative Häufigkeit**	**Grafische Darstellung**
Chirurgische Instrumente	20	37%	
Implantate/Implantatsysteme	8	15%	
Containersysteme	6	11%	
Elektromedizinische Geräte	4	7%	
Sonstiges	3	6%	
Einmalartikel	2	4%	
Endoskope	2	4%	
Medizinische Leuchten	2	4%	
Sonstige Klinikausstattung	2	4%	
Sonstige OP-Ausstattung	2	4%	
Bildgebende Systeme	1	2%	
Medizinische IT/Software	1	2%	
Stents/Kathetersysteme	1	2%	
Pflege-/Hygiene-/Bedarfsartikel	0	0%	
Keine Angabe	0	0%	
Summe	54	100%	

Hierbei kann festgestellt werden, dass der größte Teil der hergestellten Produkte auf chirurgische Instrumente (37%) fällt. Danach folgen Implantate/Implantatsysteme (15%), Containersysteme (11%) und elektromedizinische Geräte (7%). Besonders für die chirurgischen Instrumente und die Implantate/Implantatsysteme scheint die additive Fertigung interessant, worauf die hohe Rücklaufquote von Unternehmen in diesem Bereich schließen lässt.

Die aufgeführten Medizinprodukte werden dabei in allen Risikoklassen hergestellt, wie in Abbildung 25 zu sehen ist. Am häufigsten wird von den befragten Unternehmen die Risikoklasse I genannt (42%). Dem folgen die Risikoklasse IIa (25%), die Risikoklasse IIb (23%) sowie die Risikoklasse III (11%). Somit sind bei den befragten Unternehmen alle Risikoklassen abgedeckt, und mögliche Zusammenhänge zwischen der Risikoklassifizierung und der Anwendung von additiven Fertigungsverfahren können untersucht werden.

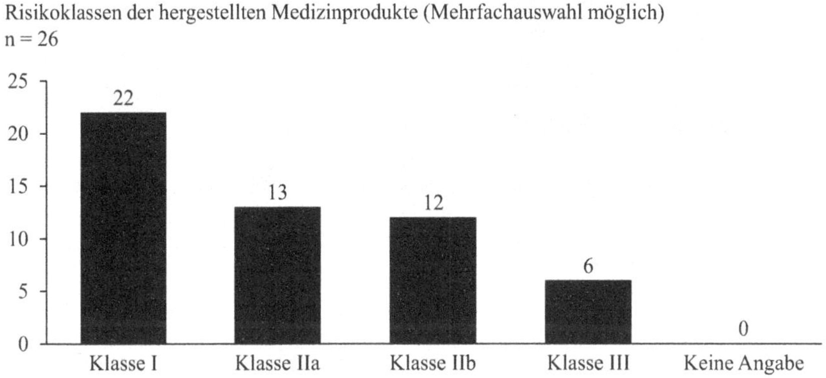

Abbildung 25: Ausgewertete Angaben zu den Risikoklassen der hergestellten Medizinprodukte
Quelle: Eigene Darstellung

Bei Betrachtung des Fertigungstyps der befragten Unternehmen lässt sich eine klare Tendenz zur Serienfertigung (51%) und zur Einzelfertigung (32%) erkennen (vgl. Abbildung 26). Die Sortenfertigung (9%) und die Massenfertigung (6%) sind bei den befragten Unternehmen eher weniger verbreitet. Ein Teilnehmender macht hierzu keine Angabe. Der hohe Anteil an Produktionen mit Einzelfertigung lässt darauf schließen, dass vor allem auftragsbezogene, kundenindividuelle Produkte hergestellt werden. Besonders bei einer individualisierten Produktion könnte die additive Fertigung Potenziale gegenüber den herkömmlichen Fertigungsverfahren aufweisen.

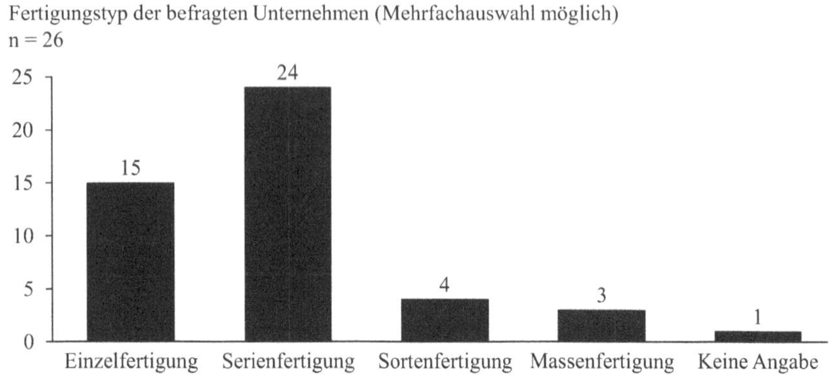

Abbildung 26: Ausgewertete Angaben zum Fertigungstyp der befragten Unternehmen
Quelle: Eigene Darstellung

96% der Teilnehmenden besitzen ihren Hauptsitz dabei in Baden-Württemberg, 73% im Speziellen in der Region Tuttlingen, dem sog. „Weltzentrum der Medizintechnik“ (vgl. Abbildung 27) [Squ18]. Dies zeigt die Bedeutung der Region Tuttlingen für die Branche der Medizintechnik.

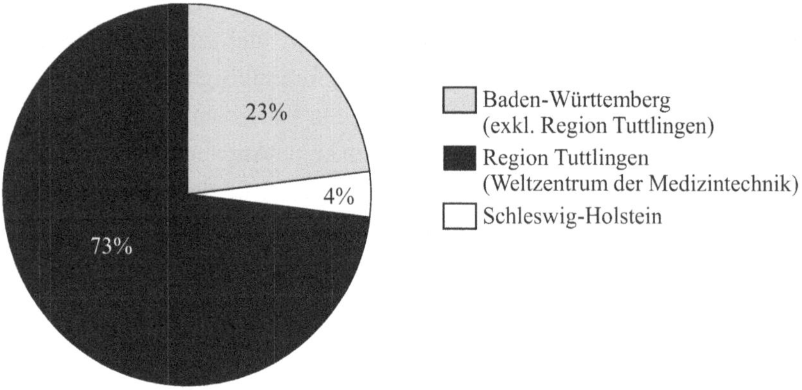

Abbildung 27: Ausgewertete Angaben zum Hauptsitz der befragten Unternehmen
n = 26
Quelle: Eigene Darstellung

Mehr als die Hälfte der Teilnehmenden (58%) geben an, als Vorstand/Geschäftsführer im Unternehmen tätig zu sein. 23% besitzen die Position als Entwicklungsleiter/-in und weitere 12% sind als Entwicklungsmitarbeiter/in im Unternehmen angestellt (vgl. Abbildung 28). Zwei Teilnehmende sind in sonstigen Positionen im Unternehmen tätig. Somit werden die notwendigen Entscheidungsträger für den Einsatz additiver Fertigungsverfahren im Unternehmen im Rahmen der empirischen Untersuchung befragt.

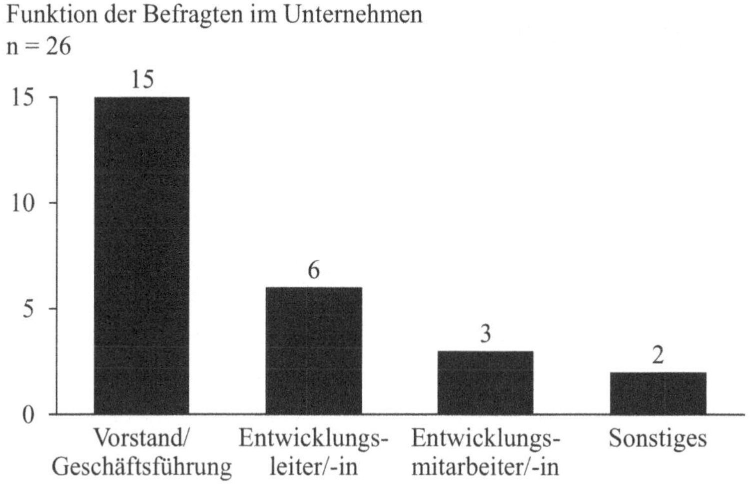

Abbildung 28: Ausgewertete Angaben zur Funktion der Befragten im Unternehmen
Quelle: Eigene Darstellung

4.2.2 Status Quo der additiven Fertigung in der Medizintechnik

Ein Ziel der Umfrage ist die Feststellung des aktuellen Standes zum Einsatz additiver Fertigungsverfahren in der Medizintechnik. 14 befragte Unternehmen (54%) und damit mehr als die Hälfte haben bereits Erfahrung mit der Herstellung von Medizinprodukten mittels additiven Fertigungsverfahren (vgl. Abbildung 29).

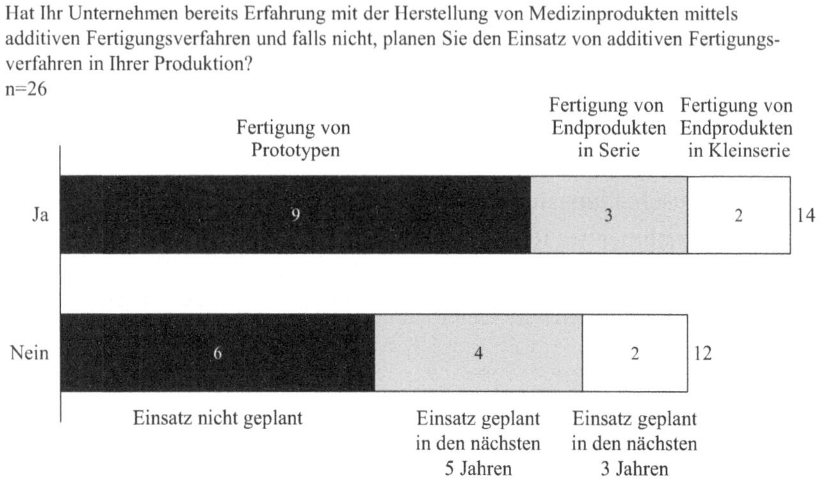

Abbildung 29: Ausgewertete Angaben zum Einsatz von additiven Fertigungsverfahren in der Produktion
Quelle: Eigene Darstellung

Von diesen 14 Medizintechnik-Unternehmen setzen 64% die additive Fertigungstechnologie zur Fertigung von Prototypen ein, 21% zur Fertigung von Endprodukten in Serie und 14% zur Fertigung von Endprodukten in Kleinserie. Von den insgesamt 12 Unternehmen, die momentan noch keine additiven Fertigungstechnologien einsetzen, hat die Hälfte (50%) deren Einsatz in Zukunft geplant. 33% planen den Einsatz von additiver Fertigungstechnologie in den nächsten fünf Jahren und 17% sogar schon in den nächsten drei Jahren. Dies zeigt das vorhandene Interesse der Branche in die additive Fertigungstechnologie, wobei der aktuelle Fokus hauptsächlich auf der Herstellung von Prototypen liegt.

Dass die additive Fertigung in Zukunft eine immer größere Rolle in der Medizintechnik spielen wird, kann durch die ausgewerteten Angaben in Abbildung 30 festgestellt werden. So spielt aktuell die additive Fertigung in der Produktion der befragten Unternehmen keine bzw. eine geringe

Rolle. In den nächsten zehn Jahren wird sich die Technologie jedoch immer mehr zu einem etablierten Verfahren entwickeln und so die Produktion von Medizinprodukten prägen. Dies spiegelt somit auch in der durchgeführten Befragung die erwartete steigende Entwicklung des Marktvolumens von additiver Fertigung in der Medizintechnik aus Abbildung 15 in Abschnitt 2.6 wider und zeigt das Potenzial, welches der additiven Fertigung in der Medizintechnik zugeschrieben wird.

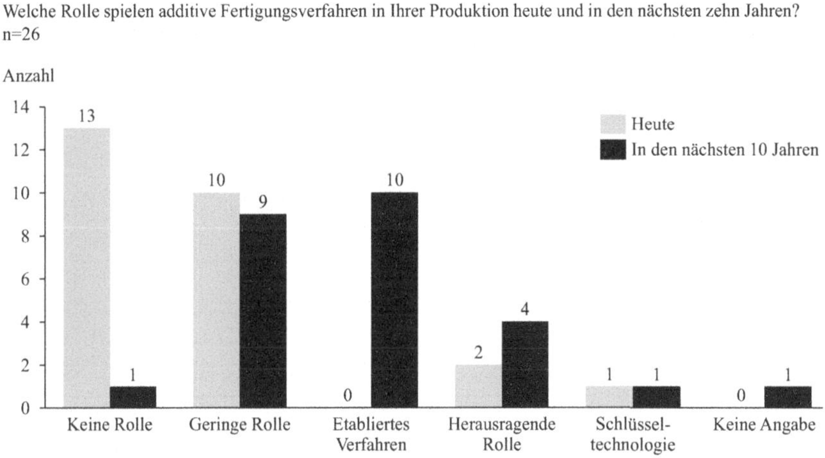

Abbildung 30: Ausgewertete Angaben zur aktuellen und zukünftigen Rolle der additiven Fertigungstechnologien in der Produktion
Quelle: Eigene Darstellung

Die Unternehmen, die bereits Erfahrung in der additiven Fertigung aufweisen, stellen damit vor allem chirurgische Instrumente (55%) her (vgl. Tabelle 8). Dies erklärt auch die hohe Rücklaufquote und somit das große Interesse von Medizintechnikunternehmen mit diesem Produktportfolio. Zudem findet die Technologie bereits Anwendung in der Herstellung von Implantaten/Implantatsystemen (25%), Einmalartikeln (10%), sonstiger OP-Ausstattung (5%) sowie bildgebenden Systemen (5%).

Tabelle 8: Ausgewertete Angaben zu den additiv gefertigten Medizinprodukten
Quelle: Eigene Darstellung

Additiv gefertigte Medizinprodukte (Mehrfachauswahl möglich)	**absolute Häufigkeit**	**relative Häufigkeit**	**Grafische Darstellung**
Chirurgische Instrumente	11	55%	
Implantate/Implantatsysteme	5	25%	
Einmalartikel	2	10%	
Sonstige OP-Ausstattung	1	5%	
Bildgebende Systeme	1	5%	
Containersysteme	0	0%	
Elektromedizinische Geräte	0	0%	
Sonstiges	0	0%	
Endoskope	0	0%	
Medizinische Leuchten	0	0%	
Sonstige Klinikausstattung	0	0%	
Medizinische IT/Software	0	0%	
Stents/Kathetersysteme	0	0%	
Pflege-/Hygiene-/Bedarfsartikel	0	0%	
Keine Angabe	0	0%	
Summe	20	100%	

Dabei werden Produkte aller Risikoklassen mittels additiver Fertigung hergestellt (vgl. Abbildung 31). So werden Produkte mit Risikoklassifizierung Klasse I (44%), Klasse IIa (11%), Klasse IIb (28%) sowie Klasse III (17%) bereits additiv gefertigt. Somit kann festgestellt werden, dass vor allem bei den niedrigeren Risikoklassen die additive Fertigung verstärkt eingesetzt wird. Aber auch trotz den deutlich höheren gesetzlichen Vorschriften bei den höheren Risikoklassen, findet die additive Fertigung auch dort bereits Anwendung.

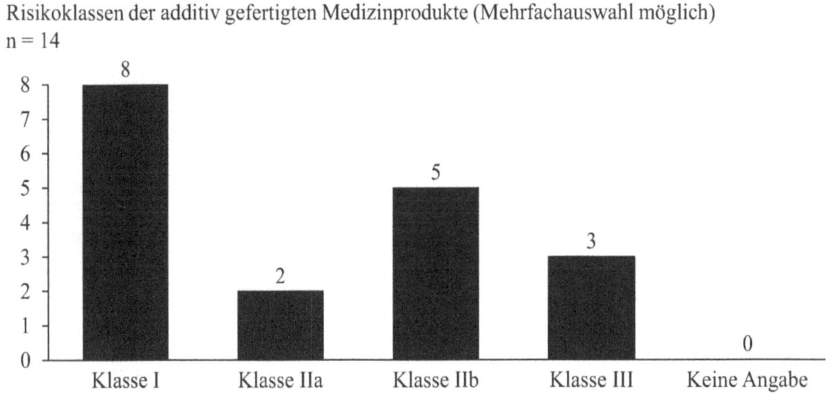

Abbildung 31: Ausgewertete Angaben zu Risikoklassen der additiv gefertigten Medizinprodukten
Quelle: Eigene Darstellung

Zur Herstellung dieser Produkte werden verschiedenste additive Fertigungsverfahren genutzt. Das meist verbreitete ist dabei das selektive Laserschmelzen (SLM) mit 22% (vgl. Tabelle 9). Darüber hinaus werden vor allem das Fused Filamenet Fabrication (17%), das selektive Lasersintern (17%) sowie die Stereolithographie (17%) verwendet. Geringere Anwendung finden das 3D-Drucken (9%), das Layer Laminated Manufacturing (9%) und das Digital Light Processing (4%).

Das Interesse an den vier meist verbreiteten Verfahren ist ebenfalls branchenübergreifend zu erkennen [Scu18]. Dabei ist jedoch zu beobachten, dass in der Medizintechnik das selektive Laserschmelzen eine höhere Bedeutung zugeschrieben wird, als im branchenübergreifenden Durchschnitt. Somit scheint sich dieses Verfahren und seine Eigenschaften vor allem zur Herstellung von Medizinprodukten zu eignen.

Tabelle 9: Ausgewertete Angaben zu genutzten additiven Fertigungsverfahren
Quelle: Eigene Darstellung

Genutzte additive Fertigungsverfahren (Mehrfachauswahl möglich)	**absolute Häufigkeit**	**relative Häufigkeit**	**Grafische Darstellung**
Selektives Laserschmelzen (SLM)	5	22%	
Fused Filament Fabrication (FFF, FDM)	4	17%	
Selektives Lasersintern (SLS)	4	17%	
Stereolithographie (STL, SLA)	4	17%	
3D-Drucken (3DP)	2	9%	
Layer Laminated Manufacturing (LLM)	2	9%	
Digital Light Processing (DLP)	1	4%	
Keine Angabe	1	4%	
Elektronenstrahlschmelzen (EBM)	0	0%	
Multi-Jet Modelling (MJM)	0	0%	
Poly-Jet Modelling	0	0%	
Sonstige	0	0%	
Summe	23	100%	

Zur additiven Produktion der Medizinprodukte werden bisher vor allem Kunststoffe (46%) und Metalle (32%) verwendet (vgl.Abbildung 32).

Genutzte Materialien zur additiven Fertigung (Mehrfachauswahl möglich)
n = 14

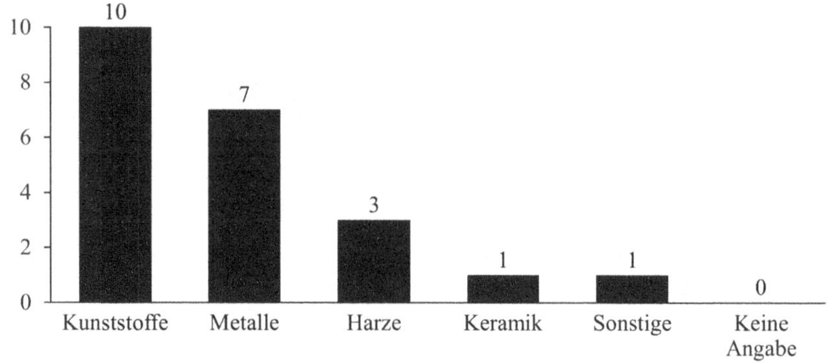

Abbildung 32: Ausgewertete Angaben zu genutzten Materialien der additiven Fertigung
Quelle: Eigene Darstellung

Zudem werden Harze (14%), Keramiken (5%) und sonstige Materialien (5%) zur additiven Herstellung von Medizinprodukten eingesetzt. Mit dieser Verteilung entsprechen die befragten Unternehmen der bereits vorgestellten branchenübergreifenden Verteilung in Bezug auf die meist genutzten Materialien zur additiven Fertigung (vgl. Abbildung 13) [Scu18].

4.2.3 Prüfung der Hypothesen

Die aufgestellten Hypothesen werden mit dem Chi-Quadrat-Test nach Pearson auf statistisch signifikante Zusammenhänge überprüft. Der Richtwert für die asymptotische Signifikanz liegt bei ≤ 0,05. Innerhalb dieses Richtwertes besteht ein systematischer Zusammenhang zwischen den betrachteten Variablen [Rai08].

Bei der Hypothese Nr. 1 (Je größer das Unternehmen desto ausgeprägter sind die Kenntnisse über additive Fertigungsverfahren) kann kein signifikanter Zusammenhang zwischen den Variablen festgestellt werden (vgl. Tabelle 10). Somit besteht basierend auf den erhobenen Daten zwischen der Größe des Unternehmens und den Kenntnissen im Bereich additive Fertigungsverfahren kein systematischer Zusammenhang.

Tabelle 10: Chi-Quadrat-Test für Hypothese 1
Quelle: Eigene Darstellung

	Wert	**df**	**Asymptotische Signifikanz (zweiseitig)**
Chi-Quadrat nach Pearson	15,797[a]	12	,201
Likelihood-Quotient	15,029	12	,240
Zusammenhang linear-mit-linear	1,283	1	,257
Anzahl der gültigen Fälle	26		

a. 19 Zellen (95,0%) haben eine erwartete Häufigkeit kleiner 5. Die minimale erwartete Häufigkeit ist ,12.

Zur Hypothese Nr. 2 (Je größer das Unternehmen desto mehr Erfahrung hat es in Bezug auf die additive Fertigung) kann ebenfalls kein statistisch signifikanter Zusammenhang festgestellt werden (vgl. Tabelle 11). Somit hängt die bisherige Erfahrung mit additiven Fertigungsverfahren ebenfalls nicht mit der Größe des Unternehmens zusammen.

Tabelle 11: Chi-Quadrat-Test für Hypothese 2
Quelle: Eigene Darstellung

	Wert	**df**	**Asymptotische Signifikanz (zweiseitig)**
Chi-Quadrat nach Pearson	6,149a	3	,105
Likelihood-Quotient	8,061	3	,045
Zusammenhang linear-mit-linear	,106	1	,745
Anzahl der gültigen Fälle	26		

a. 6 Zellen (75,0%) haben eine erwartete Häufigkeit kleiner 5. Die minimale erwartete Häufigkeit ist 1,38.

Der Chi-Quadrat-Test für die Hypothese Nr. 3 (Je besser die aktuellen Kenntnisse zur additiven Fertigung desto positiver wird die Rolle der additiven Fertigung in den nächsten zehn Jahren bewertet) ergibt ebenfalls keinen statistisch signifikanten Zusammenhang (vgl. Tabelle 12).

Tabelle 12: Chi-Quadrat-Test für Hypothese 3
Quelle: Eigene Darstellung

	Wert	**df**	**Asymptotische Signifikanz (zweiseitig)**
Chi-Quadrat nach Pearson	6,149[a]	3	,105
Likelihood-Quotient	8,061	3	,045
Zusammenhang linear-mit-linear	,106	1	,745
Anzahl der gültigen Fälle	26		

a. 6 Zellen (75,0%) haben eine erwartete Häufigkeit kleiner 5. Die minimale erwartete Häufigkeit ist 1,38.

Somit hängt die Einschätzung der zukünftigen Rolle der additiven Fertigungsverfahren in der Produktion nicht mit den aktuellen Kenntnissen über die Technologie zusammen.

4.2.4 Herausforderungen und Handlungsfelder bei der Einführung additiver Fertigungsverfahren

Ein weiteres Ziel der Umfrage ist die Identifizierung von Herausforderungen und Handlungsfelder, die aktuell den Einsatz von additiven Fertigungsverfahren in der Medizintechnik erschweren.

Ein Handlungsfeld, das von den befragten Unternehmen als sehr wichtig bewertet wird, ist die Erhöhung des Wissens zur Implementierung additiver Fertigungsverfahren (vgl. Abbildung 33).

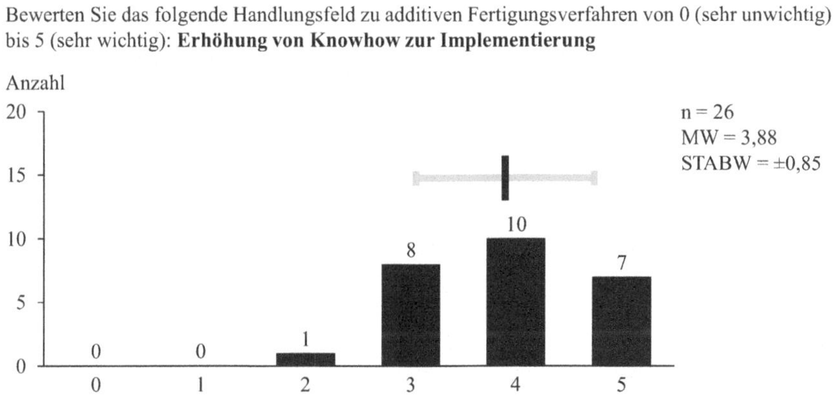

Abbildung 33: Histogramm des Handlungsfelds zur Erhöhung des Wissens zur Implementierung
Quelle: Eigene Darstellung

Die Unternehmen erwarten, dass mehr Wissen zur Implementierung additiver Fertigungsverfahren aufbereitet und zugänglich gemacht wird. Dabei kann kein Zusammenhang zwischen dieser Antwort und der Größe des Unternehmens beobachtet werden, weshalb dies als ein generelles Handlungsfeld über alle Unternehmensgrößen hinweg zu betrachten ist. Dies wird dadurch bekräftigt, dass ebenfalls kein Unterschied in den Antworten zwischen Unternehmen, die bereits Medizinprodukte additiv herstellen, und Unternehmen ohne Erfahrung in der additiven Fertigung, vorhanden ist. Dies ist somit als klares Handlungsfeld bei der Einführung von additiven Fertigungsverfahren zu werten.

Bei näherer Betrachtung wünschen sich die befragten Medizintechnik-Unternehmen vor allem eine Vereinfachung der Auswahl von Produkten, Werkstoffen und Verfahren (vgl. Abbildung 34). Insbesondere kleinere Unternehmen mit weniger als 50 Mitarbeiter bewerten dieses Handlungsfeld mit einer hohen Wichtigkeit.

Bewerten Sie das folgende Handlungsfeld zu additiven Fertigungsverfahren von 0 (sehr unwichtig) bis 5 (sehr wichtig): **Vereinfachung der Auswahl von Produkten, Werkstoffen und Verfahren**

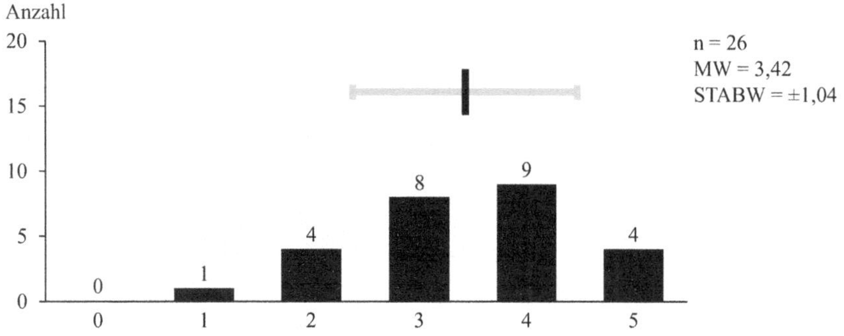

Abbildung 34: Histogramm des Handlungsfelds zur Vereinfachung der Auswahl von Produkten, Werkstoffen und Verfahren
Quelle: Eigene Darstellung

Jedoch sind auch hier zwischen Unternehmen mit und ohne Erfahrung in der additiven Fertigung keine Unterschiede zu erkennen. Hier wird von den

Unternehmen Unterstützung erwartet, welche von Seiten der Wissenschaft geliefert werden sollte.

Bei der Frage nach der Notwendigkeit einer anwendungsorientierten und strukturierten Eignunganalyse für additive Fertigungsverfahren für Unternehmen ist eine klare Tendenz zu erkennen, dass diese von den befragten Unternehmen sehr gewünscht ist (vgl. Abbildung 35). Die Eignungsanalyse besteht aus der Auswahl eines geeigneten Produktes, Materials und Verfahrens sowie aus einer qualitativen, fertigungstechnischen und wirtschaftlichen Bewertung bei der Einführung von additiven Fertigungsverfahren.

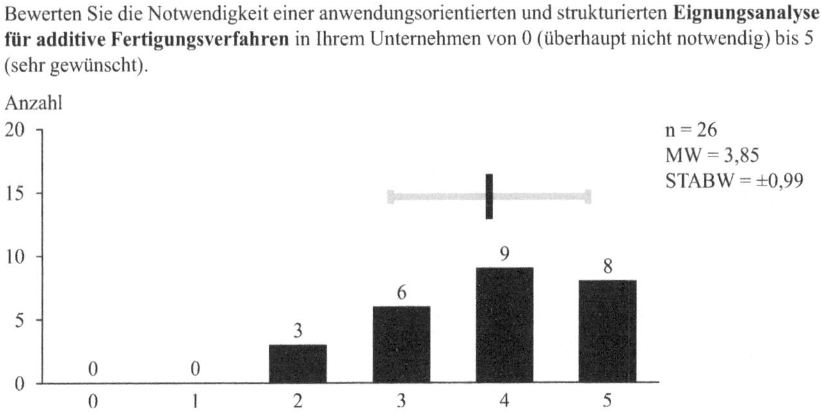

Abbildung 35: Histogramm des Handlungsfelds zur Notwendigkeit einer Eignungsanalyse für additive Fertigungsverfahren

Quelle: Eigene Darstellung

Auch bei dieser Frage sind keine Unterschiede zwischen den gegebenen Antworten und der Unternehmensgröße sowie der Erfahrung in der additiven Herstellung von Medizinprodukten vorhanden. So besteht der Bedarf an einer solchen Eignungsanalyse für alle Unternehmen in der Branche.

Dies stellt somit ein wesentlicher Ansatzpunkt für die wissenschaftliche Arbeit zur Deckung dieses Bedarfs dar.

4.3 Fazit zur Studie zur additiven Fertigung in der Medizintechnik

In diesem Kapitel wird der aktuelle Stand zum Einsatz von additiven Fertigungsverfahren in der Medizintechnik durch eine durchgeführte empirische Untersuchung festgestellt. Zu den Befragten zählen vor allem die Geschäftsleitung von Unternehmen aller Unternehmensgrößen, wobei der größte Anteil dem Mittelstand zugerechnet werden kann (88%).

Auch wenn bei diesen Unternehmen momentan die additive Fertigung keine bzw. nur eine geringe Rolle in der Produktion der Unternehmen spielt, so wird erwartet, dass sich in den nächsten zehn Jahren die Technologie zu einem etablierten Verfahren in der Herstellung von Medizinprodukten entwickeln wird. Bereits heute setzt die Mehrheit der befragten Unternehmen additive Fertigungsverfahren ein. Zum größten Teil werden damit Prototypen gefertigt, wobei auch bereits Endprodukte in Kleinserie und in Serie additiv hergestellt werden. Dabei werden vor allem chirurgische Instrumente und Implantate/Implantathaltesysteme sowie Einmalartikel in allen Risikoklassen gefertigt. Jedoch besteht kein Zusammenhang zwischen der Unternehmensgröße und der bisherigen Erfahrung sowie den vorhandenen Kenntnissen im Bereich der additiven Fertigung. So kann nicht von der Unternehmensgröße auf die Erfahrung mit additiver Fertigung geschlossen werden.

Die durchgeführte empirische Untersuchung zeigt darüber hinaus, dass zu einer weiteren Etablierung der Technologie das Wissen zur Implementierung besser aufgearbeitet und den Unternehmen zur Verfügung gestellt werden muss. Dabei wird insbesondere der Bedarf nach einer anwendungsorientierten und strukturierten Eignungsanalyse zur Auswahl eines geeigneten Produktes, Materials und Verfahrens sowie zur qualitativen, fertigungstechnischen und wirtschaftlichen Bewertung bei der Einführung von additiven Fertigungsverfahren deutlich. Hier besteht Bedarf, der seitens der Wissenschaft gedeckt werden sollte.

5 Eignungsanalyse für additive Fertigungsverfahren

Um den in der empirischen Umfrage identifizierten Bedarf zu decken, wird in diesem Kapitel ein strukturiertes und anwenderfreundliches Vorgehensmodell zur Überprüfung der Eignung eines Produktes zur additiven Fertigung in Verbindung mit der Auswahl geeigneter Materialien und Verfahren sowie qualitativen, fertigungstechnischen und wirtschaftlichen Analysen vorgestellt. Dieses Vorgehensmodell, wie die Eignungsanalyse im Rahmen dieser Arbeit auch synonym genannt wird, wird im Anschluss von vier Experten der additiven Fertigung begutachtet und validiert. Die zentrale Leitfrage dieses Kapitel lautet somit:

- Wie kann eine anwendungsorientierte Systematik zur Entscheidung über den geeigneten Einsatz additiver Fertigungsverfahren aussehen?

5.1 Ziel der Eignungsanalyse

Es gibt bereits verschiedene Ansätze, welche die Implementierung von additiven Fertigungsverfahren thematisieren. Die bisherigen Modelle von [MHZ14] und [DM18] sind konzeptionell gehalten und thematisieren vor allem die Implementierung der additiven Fertigungstechnologien nach einer Entscheidung für den Einsatz additiver Fertigungsverfahren. Der Prozess bis zu dieser Entscheidung wird jedoch in den beschriebenen Modellen nicht betrachtet. Das Vorgehensmodell von [FP16] zur Entscheidung und Implementierung von additiven Fertigungsverfahren fokussiert sich hingegen auf diesen Prozess bis zu einer Entscheidung für oder gegen die additive Fertigung. Allerdings fehlen hier anwendungs-orientierte Werkzeuge für die Bearbeitung seitens der interessierten Unternehmen. Darüber hinaus werden die Änderungen im Fertigungsprozess durch eine Umstellung auf additive Fertigungsverfahren gänzlich nicht berücksichtigt. Hier besteht somit eine Forschungslücke, die im Rahmen dieser Arbeit mit der entwickelten Eignungsanalyse geschlossen werden soll.

J. Ilg, *Systematische Eignungsanalyse zum Einsatz additiver Fertigungsverfahren*, BestMasters, https://doi.org/10.1007/978-3-658-24631-0_5

Das Ziel des entwickelten Vorgehensmodells ist die Eignungsprüfung der additiven Fertigung für ein bestimmtes Produkt bzw. eine bestimmte Produktgruppe. Interessierten Unternehmen wird damit eine schrittweise, anwendungsorientierte Hilfestellung gegeben, um systematisch den Einsatz von additiven Fertigungsverfahren im unternehmensspezifischen Kontext zu prüfen. Dabei kommen verschiedene Auswahlwerkzeuge zur Anwendung. Besonders bei kleinen und mittelständischen Unternehmen mit begrenzten Mitarbeiterressourcen sowie für Unternehmen mit geringen Kenntnissen in der additiven Fertigung bietet das strukturierte Vorgehen Vorteile, indem es auf eine effiziente Weise die notwendigen Fragen stellt.

5.2 Aufbau der Eignungsanalyse

Im Folgenden wird ein Überblick über die entwickelte Eignungsanalyse gegeben und deren prinzipieller Aufbau beschrieben. Die Ausführungen sind bewusst allgemein gehalten, da jede Phase des Vorgehensmodells im weiteren Verlauf der Arbeit detailliert erläutert wird.

Als Ausgangspunkt des entwickelten Vorgehensmodells steht das Interesse des Unternehmens am Einsatz additiver Fertigungsverfahren. In der Folge bearbeitet der Anwender des Modells zunächst die Auswahlebene, welche den linken Flügel des V-Modells darstellt (vgl. Abbildung 36).

Dabei wird zunächst die Eignung des Produktes oder der Produktgruppe festgestellt. Eine Produktgruppe vereint dabei mehrere Produkte mit den gleichen Eigenschaften, wie beispielsweise der generelle Aufbau, die notwendigen Materialien und geforderten Toleranzen. Es können auch direkt zu Beginn mehrere verschiedene Produkte oder Produktgruppen ausgewählt werden, mit denen die Eignungsanalyse durchlaufen werden soll. Dabei muss jedoch jede Phase für jedes Produkt bzw. jede Produktgruppe einzeln bearbeitet werden, um so die Aussagefähigkeit der Ergebnisse zu erhöhen.

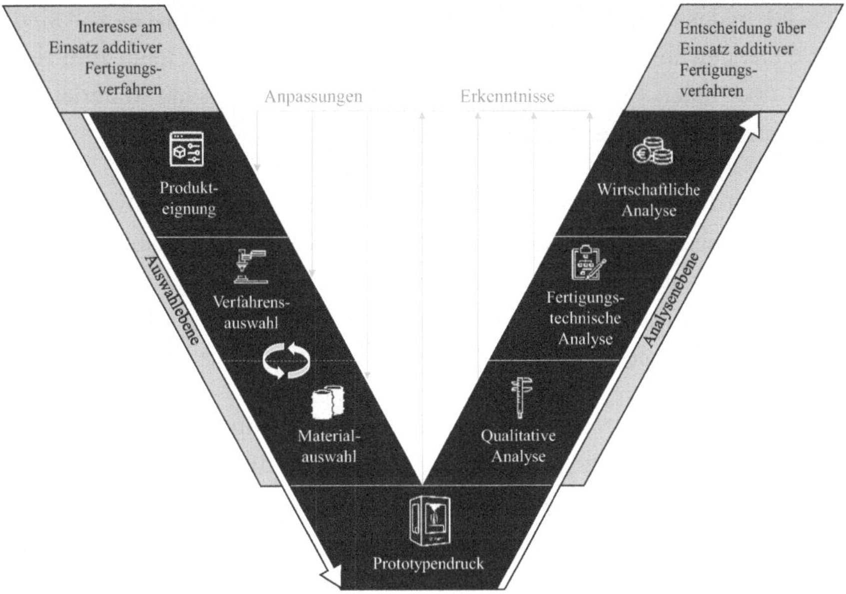

Abbildung 36: Systematische Eignungsanalyse zum Einsatz additiver Fertigungsverfahren
Quelle: Eigene Darstellung

Nach der Feststellung der Produkteignung folgt die Material- und Verfahrensauswahl, welche in den meisten Fällen in gegenseitiger Abhängigkeit getroffen werden muss. Dies ist im Vorgehensmodell durch zirkulierende Pfeile veranschaulicht. Sind für das ausgewählte Produkt spezifische und ggf. vorgeschriebene Materialien zu verwenden, ist das Material bereits festgelegt und das passende additive Fertigungsverfahren muss danach ausgewählt werden. Sollte auf der anderen Seite das Material eine eher untergeordnete Rolle einnehmen, kann zunächst ein passendes Fertigungsverfahren mit den gewünschten Eigenschaften, wie beispielsweise Oberflächenqualität, ausgewählt und dann das dazu passende Material verwendet werden.

Nachdem das Produkt, das Verfahren sowie das Material ausgewählt sind, wird das gewünschte Produkt prototypisch gedruckt. Dies kann zum Beispiel über einen Dienstleister erfolgen, der das gewünschte Material mit dem gewünschten Verfahren verarbeitet.

Auf Basis des gedruckten Prototyps erfolgen verschiedene Analysen in der Analysenebene, welche den rechten Flügel des V-Modells darstellen. Dabei werden zunächst alle notwendigen qualitativen Prüfungen des Prototyps durchgeführt. Darunter fallen beispielsweise Messungen der geforderten Maße und Toleranzen sowie diverse qualitative Tests.

Wenn die geforderte Qualität des Produktes bestätigt ist, folgt die fertigungstechnische Analyse. Dabei wird der aktuelle Wertstrom des konventionellen IST-Prozesses aufgenommen. Außerdem wird der SOLL-Wertstrom der möglichen additiven Fertigung erstellt und mit dem IST-Prozess verglichen. Werden fertigungstechnische Potenziale durch die additive Fertigung erkannt, folgt die nächste, abschließende Phase des Vorgehensmodells.

In dieser letzten Phase wird die additive Fertigung des Produktes bzw. der Produktgruppe dem konventionellen Verfahren wirtschaftlich gegenübergestellt. Dabei sind alle Kosten, die bei der jeweiligen Herstellung anfallen, zu erheben und in die Kalkulation mitaufzunehmen, um so eine transparente Vergleichbarkeit zu schaffen.

Auf Basis dieser wirtschaftlichen Analyse kann abschließend eine fundierte Entscheidung über den Einsatz von additiver Fertigung für das ausgewählte Produkt bzw. die ausgewählte Produktgruppe getroffen werden.

Alle Erkenntnisse, die im Prototypendruck und in der Analysenebene gewonnen werden, können auf die Auswahlebene als Anpassungen zurückgespiegelt werden. Sollte beispielsweise bei der qualitativen Analyse das

Material nicht ausreichend bruchfest sein, kann dies auf die Materialauswahl zurückgespiegelt und ein neues Material ausgewählt werden. Mit dieser Anpassung wird die Eignungsanalyse ab dem Punkt der Materialauswahl erneut durchlaufen.

Für die einzelnen Phasen der Auswahlebene werden die in der vorliegenden Arbeit entwickelten Auswahlwerkzeuge dem Anwender zur Verfügung gestellt. Diese werden in den folgenden Abschnitten näher erläutert. In der Analysenebene werden hingegen unternehmensspezifische Analysen verwendet, die jeder Anwender nach eigenem Ermessen auswählt und durchführt.

Nachdem der generelle Aufbau des entwickelten Vorgehensmodells bekannt ist, werden im Folgenden die einzelnen Phasen näher erläutert.

5.2.1 Produkteignung

Das Ziel dieser Phase ist es, ein geeignetes Produkt oder eine geeignete Produktgruppe zu identifizieren, für die eine Fertigung mittels additiven Fertigungsverfahren vorstellbar wäre und mit diesen die weiteren Phasen des Vorgehensmodells durchlaufen werden. Dabei können sowohl bereits existierende Produkte als auch Neuentwicklungen analysiert werden.

Zur Vorauswahl der Produkte, für welche die Eignung zur additiven Fertigung festgestellt werden soll, ist zunächst eine grobe wirtschaftliche Abschätzung vorzunehmen. Sollte ein wirtschaftliches Verbesserungspotenzial, beispielsweise in Bezug auf die Stückkosten, vorhanden sein, ist die Produkteignung zur additiven Fertigung zu ermitteln.

Zur Ermittlung der Produkteignung steht dem Anwender die im Zuge dieser Arbeit entwickelte Produkteignungsmatrix (vgl. Tabelle 13) zur Verfügung.

Tabelle 13: Produkteignungsmatrix (beispielhaft ausgefüllt)
Quelle: Eigene Darstellung

Bereich	Kriterium	trifft nicht zu	trifft eher nicht zu	trifft eher zu	trifft zu
Technik und Entwicklung	Hohe Verfügbarkeit digitaler 3D-Daten				X
	Geringe Kosten für die Aufbereitung der 3D-Daten			X	
	Verfügbarkeit über die Rechte am Design			X	
	Hohe Potenziale durch Substitution des konventionellen Rohstoffs	X			
	Hohe Potenziale durch Gewichtsreduktion		X		
	Hohe Potenziale durch Funktionsintegration				X
	Hohe geometrische Komplexität des Teils			X	
Beschaffung	Geringe Verfügbarkeit der Bezugsquelle		X		
	Hohes Lieferrisiko des Lieferanten			X	
	Hohe Fehlmengenkosten		X		
	Hohe Verschrottungskosten am Ende des Produkt-Lebenszyklus			X	
Produktion	Hohe Kosten für Werkzeuge und Formen				X
	Hohe Rüstkosten				X
	Geringe Stückzahl				X
	Hohe Anzahl der Produktionsschritte				X
	Hoher Lohnanteil an Herstellkosten (hoher Anteil manueller Montageschritte)				X
	Hohe Komplexität der Fertigung				X
	Hoher Anteil externer Lohnfertiger				X
	Kurzer Lebenszyklus der Produkte	X			
	Auftragsbezogene, kundenindividuelle Fertigung			X	
	Große Produktvariantenvielfalt			X	
	Hoher Ausschussanteil (z.B. Späne)			X	
	Hohe Bestände bzw. Lagerkosten		X		
Distribution	Schlechte Prognostizierbarkeit der Nachfrage			X	
	Verpflichtung zur langjähriger Verfügbarkeit der Teile		X		
	Hohe Frachtkosten in der Distribution	X			
	Hohe Zollkosten in der Distribution	X			

Eignung des ausgewählten Produktes zur additiven Fertigung:

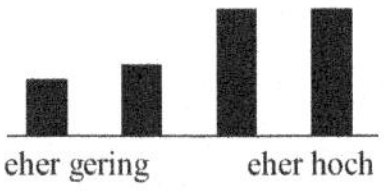

Die Produkteignungsmatrix bezieht sich dabei auf die Kriterien geeigneter Teile zur additiven Fertigung aus Tabelle 4 und ist zur anwenderfreundlichen Nutzung in eine Excel-Arbeitsmappe integriert. Die Produkteignungsmatrix wird für jedes Produkt bzw. jede Produktgruppe separat ausgefüllt, um auf diese Weise eine hohe Aussagekraft des Ergebnisses sicherzustellen. Jedes der 28 Kriterien ist auf einer vierstufigen Skala von „trifft nicht zu“ bis „trifft zu“ zu bewerten. Diese Skala ist dabei bewusst gewählt, um keine mittlere, neutrale Antwort zu ermöglichen. Somit muss sich der Anwender für eine Tendenz entscheiden.

Als Ergebnis der Produkteignungsmatrix wird die Eignung zur additiven Fertigung mittels vier Balken angezeigt. Hierbei ist als Ergebnis bewusst keine klare Ja/Nein-Antwort dargestellt, da diese durch festgelegte, allgemeine Kriterien schwer zu ermitteln ist. Dem Anwender wird hingegen eine Tendenz zur möglichen Eignung angezeigt, worauf er seine Produktauswahl stützen kann. So kann bei der beispielhaft ausgefüllten Produkteignungsmatrix in Tabelle 13 eine tendenzielle Eignung zur additiven Fertigung festgestellt werden. Das Produkt oder die Produktgruppe, die eine solche Tendenz aufweist, ist für den weiteren Prozess auszuwählen.

Das Ergebnis dieser Phase sind somit ein oder mehrere ausgewählte Produkte bzw. eine oder mehrere ausgewählte Produktgruppen, die sich potenziell für die additive Fertigung eignen und mit welcher der weitere Prozess der Eignungsanalyse durchlaufen wird.

5.2.2 Material- und Verfahrensauswahl

Nach der Feststellung der Produkteignung folgt die Verfahrens- und Materialauswahl, die durch die vorhandenen gegenseitigen Wechselwirkungen unterschiedlich durchgeführt werden kann. Im Allgemeinen gibt es drei verschiedene Möglichkeiten, wie dabei vorgegangen wird (vgl. Abbildung 37). Bei der ersten Möglichkeit ist das Material vorgegeben, wodurch die Materialauswahl entfällt. Entsprechend des Materials ist das additive Fertigungsverfahren auszuwählen, das in der Lage ist, dieses Material zu verarbeiten. Bei der zweiten Möglichkeit soll das Produkt spezifische Materialeigenschaften aufweisen. Demnach wird das Material ausgewählt und im Anschluss das passende additive Verfahren zu diesem Material festgelegt. Bei der dritten Möglichkeit werden spezifische Fertigungseigenschaften benötigt, wonach das additive Fertigungsverfahren ausgewählt wird. Das Material, das in diesem Fall eine eher untergeordnete Rolle spielt,.wird passend zum Fertigungsverfahren ausgewählt.

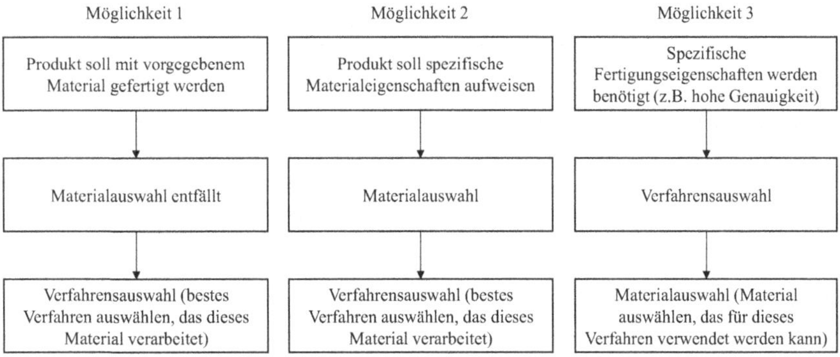

Abbildung 37: Möglichkeiten zur Verfahrens- und Materialauswahl
Quelle: Eigene Darstellung

5.2.3 Verfahrensauswahl

Für die Auswahl des geeigneten Verfahrens wird ein paarweiser Vergleich in Verbindung mit einer Nutzwertanalyse verwendet, die ebenfalls in eine Excel-Arbeitsmappe integriert sind (vgl. Abbildung 38 und Abbildung 39). Als Kriterien des paarweisen Vergleichs werden die Eigenschaften der additiven Fertigungsverfahren aus Tabelle 2 verwendet. Der Anwender entscheidet für jedes der 14 Kriterien in der linken Spalte, ob es weniger wichtig (Wert = 0), gleich wichtig (Wert = 0,5) oder wichtiger (Wert = 1) ist, als die in der Kopfzeile eingetragenen Kriterien.

Paarweiser Vergleich

Kriterium	Auflösung, Genauigkeit	Oberflächenqualität	Belastbarkeit des Drucks	Temperaturbeständigkeit	Haltbarkeit des Drucks	Farbenvielfalt	Anschaffungskosten	Kosten je Druck	Druckgeschwindigkeit	Betriebskosten	Nachhaltigkeit	Recyclingfähigkeit	Eignung für Kleinserie	**Summe**	**Gewichtung**	**Rangfolge**
Auflösung, Genauigkeit		1	0	0	0	1	1	1	1	1	1	1	1	9	**0,12**	**4**
Oberflächenqualität	0		0	0	0	1	1	1	0	1	1	1	1	7	**0,09**	**5**
Belastbarkeit des Drucks	1	1		1	1	1	1	1	1	1	1	1	1	12	**0,15**	**1**
Temperaturbeständigkeit	1	1	0		0,5	1	1	1	1	1	1	1	1	10,5	**0,13**	**2**
Haltbarkeit des Drucks	1	1	0	0,5		1	1	1	1	1	1	1	1	10,5	**0,13**	**2**
Farbenvielfalt	0	0	0	0	0		0	0	0	0	0	0	0	0	**0,00**	**13**
Anschaffungskosten	0	0	0	0	0	1		0,5	0	0	0	0	0	1,5	**0,02**	**12**
Kosten je Druck	0	0	0	0	0	1	0,5		0	0	0,5	0,5	0	2,5	**0,03**	**11**
Druckgeschwindigkeit	0	1	0	0	0	1	1	1		0	1	1	0	6	**0,08**	**7**
Betriebskosten	0	0	0	0	0	1	1	1	1		1	1	1	7	**0,09**	**5**
Nachhaltigkeit	0	0	0	0	0	1	1	0,5	0	0		0,5	1	4	**0,05**	**8**
Recyclingfähigkeit	0	0	0	0	0	1	1	0,5	0	0	0,5		1	4	**0,05**	**8**
Eignung für Kleinserie	0	0	0	0	0	1	1	1	1	0	0	0		4	**0,05**	**8**
Summe														**78**	**1,00**	

Gewichtung

0 ist weniger wichtig als
0,5 ist gleich wichtig wie
1 ist wichtiger als

Abbildung 38: Paarweiser Vergleich zur Verfahrensauswahl (beispielhaft ausgefüllt)
Quelle: Eigene Darstellung

Dabei sind lediglich die Werte oberhalb der schwarzen diagonalen Linie einzutragen. Die Werte unterhalb dieser Diagonalen werden automatisch an die eingetragenen Werte angepasst. Auf diese Weise wird eine Rangfolge zwischen den Kriterien ermittelt, welche in der rechten Spalte des paarweisen Vergleichs angezeigt wird. Diese Rangfolge verdeutlicht dem Anwender, welche Kriterien laut seinen Angaben für sein Vorhaben am wichtigsten sind und welche als eher unwichtig angesehen werden können. In der Spalte links neben dieser Rangfolge wird dem Anwender eine automatisiert ermittelte Gewichtung der Kriterien angezeigt, welche die Basis für die Nutzwertanalyse bilden.

Diese Nutzwertanalyse (vgl. Abbildung 39) beinhaltet die verschiedenen Verfahren, die im Rahmen dieser Arbeit betrachtet werden. Dabei werden aus Gründen der Übersichtlichkeit die in Abschnitt 2.3 vorgestellten Abkürzungen verwendet. Die Nutzwertanalyse weist die Bewertung der einzelnen Kriterien für jedes Verfahren auf, welche sich auf die in Tabelle 2 bereits ermittelten Werte beziehen. Durch die Multiplikation dieser Bewertung mit der Gewichtung aus dem paarweisen Vergleich entsteht die gewichtete Bewertung für jedes Kriterium in dem jeweiligen Verfahren. Durch den abschließenden Vergleich der summierten gewichteten Bewertungen der verschiedenen Verfahren kann das am meist geeignete Fertigungsverfahren ausgewählt werden. Zur anwenderfreundlichen Darstellung wird die Reihenfolge der Verfahren, die sich entsprechend den vom Anwender gerankten Kriterien am besten eignen, in der Kopfzeile angezeigt. Die durchgeführte Analyse lässt dabei jedoch zunächst die zu verwendenden Materialien außer Betracht. Sofern bestimmte Materialien gefordert oder gewünscht sind, ist demnach das am besten bewertete Verfahren auszuwählen, das dieses Material verarbeitet.

Das Ergebnis dieser Phase ist das ausgewählte additive Fertigungsverfahren, welches für das zuvor ausgewählte Produkt verwendet werden soll.

Nutzwertanalyse

SLS		SLM		EBM		3DP		FDM		LOM		MJM		STL, SLA		PJM		DLP	
3		1		2		9		4		10		5		7		8		6	
Materialien: Metall Keramik Kunststoff		Materialien: Metall Keramik Kunststoff		Materialien: Metall		Materialien: Metall Keramik Kunststoff		Materialien: Kunststoff Wachs		Materialien: Metall Keramik Kunststoff		Materialien: Harz Wachs		Materialien: Harz		Materialien: Harz		Materialien: Harz	
Bewertung	Gewichtete Bewertung	Bewertung	Gewichtete Bewertung	Bewertung	Gewichtete Bewertung	Bewertung	Gewichtete Bewertung	Bewertung	Gewichtete Bewertung	Bewertung	Gewichtete Bewertung	Bewertung	Gewichtete Bewertung	Bewertung	Gewichtete Bewertung	Bewertung	Gewichtete Bewertung	Bewertung	Gewichtete Bewertung
8	0,92	8	0,92	8	0,92	4	0,46	2	0,23	4	0,46	8	0,92	10	1,15	10	1,15	10	1,15
4	0,36	4	0,36	2	0,18	2	0,18	4	0,36	2	0,18	10	0,90	10	0,90	10	0,90	10	0,90
8	1,23	10	1,54	10	1,54	2	0,31	6	0,92	2	0,31	4	0,62	4	0,62	4	0,62	4	0,62
8	1,08	10	1,35	10	1,35	4	0,54	6	0,81	2	0,27	4	0,54	4	0,54	4	0,54	4	0,54
10	1,35	10	1,35	10	1,35	2	0,27	10	1,35	6	0,81	8	1,08	8	1,08	8	1,08	8	1,08
2	0,00	0	0,00	0	0,00	8	0,00	10	0,00	8	0,00	4	0,00	4	0,00	10	0,00	4	0,00
4	0,08	2	0,04	2	0,04	6	0,12	10	0,19	6	0,12	8	0,15	4	0,08	8	0,15	6	0,12
6	0,19	2	0,06	2	0,06	8	0,26	10	0,32	10	0,32	4	0,13	6	0,19	4	0,13	6	0,19
8	0,62	8	0,62	10	0,77	6	0,46	6	0,46	2	0,15	4	0,31	6	0,46	4	0,31	6	0,46
4	0,36	2	0,18	2	0,18	8	0,72	10	0,90	10	0,90	6	0,54	6	0,54	6	0,54	6	0,54
6	0,31	6	0,31	6	0,31	2	0,10	8	0,41	2	0,10	8	0,41	2	0,10	2	0,10	2	0,10
6	0,31	6	0,31	6	0,31	10	0,51	6	0,31	2	0,10	6	0,31	2	0,10	2	0,10	2	0,10
10	0,51	10	0,51	10	0,51	6	0,31	10	0,51	6	0,31	10	0,51	10	0,51	10	0,51	10	0,51
	7,31		7,54		7,51		4,23		6,77		4,03		6,41		6,27		6,13		6,31

Bewertung
10 sehr gut
8 gut
6 befriedigend
4 ausreichend
2 mangelhaft
0 ungenügend

Abbildung 39: Nutzwertanalyse zur Verfahrensauswahl (beispielhaft ausgefüllt)
Quelle: Eigene Darstellung

Die beispielhaften Einträge in Abbildung 39 ergeben das additive Fertigungsverfahren selektives Laserschmelzen (SLM) als das am besten geeignete Verfahren. Soll jedoch Wachs als Material zum Einsatz kommen, würde Fused Filament Fabrication (FFF) das bevorzugte Verfahren sein, da dieses das beste Verfahren ist, welches das Material verarbeiten kann.

5.2.4 Materialauswahl

Sollte der Fokus des zu fertigenden Produktes auf den Materialeigenschaften liegen und das Material nicht vorgegeben sein, kann die Auswahl mit Hilfe der entwickelten Materialauswahl erfolgen (vgl. Abbildung 40). Diese ist ebenfalls in eine Excel-Arbeitsmappe integriert. Dabei werden die am meist verbreiteten Materialen aufgeführt, um dem Anwender eine Orientierung zu geben. Zu den einzelnen Materialien wie z.B. Edelstahl gibt es darüber hinaus verschiedene Ausprägungen, wie beispielsweise Edelstahl 1.4542 oder Edelstahl 1.4404. Die Eignung der einzelnen Ausprägungen für das zu fertigende Produkt sind mit einem Dienstleister oder durch weitere Recherche in Erfahrung zu bringen. Dies kann durch die entwickelte Materialauswahl nicht abgedeckt werden. Dennoch gibt diese einen Eindruck, welche Materialart für das gewünschte Produkt entsprechend den gewünschten Eigenschaften geeignet ist.

Der Anwender trägt in der Zeile „Auswahl“ unter jede Eigenschaft, die er seitens des Materials benötigt, den Wert „1“ ein. Im Beispiel in Abbildung 40 werden die Eigenschaften Leitfähigkeit, Strapazierfähigkeit und Wetterfestigkeit gewünscht. Automatisch wird ihm dann in der Ergebnisspalte mit „Ja“ bzw. „Nein“ angezeigt, welche Materialien sich für die angegebenen Anforderungen eignen. Im aufgeführten Beispiel ist das am besten geeignete Material Cobalt Chrom. Wenn zuvor das Fertigungsverfahren ausgewählt wird, muss dabei in Betracht gezogen werden, dass die Materialauswahl eingeschränkt ist, da nicht jedes additive Fertigungsverfahren die angegebenen Materialien verarbeiten kann.

Gruppe	Material	Preis	Leitfähigkeit	Flexibilität	Schwere Entflammbarkeit	Strapazierfähigkeit	Hitzeresistenz	Hohe Auflösung	Leichtbau-eignung	Glatte Oberfläche	Stabilität	Wetterfestigkeit	Ergebnis
Auswahl (Bitte Wert 1 einfügen):			1			1						1	
Kunststoff	ABS	3		■				■	■		■		Nein
Kunststoff	Alumide	3					■	■			■		Nein
Kunststoff	Conductive	1	■										Nein
Kunststoff	Holz-Plastik-Filament	2								■			Nein
Kunststoff	Metall-Plastik-Filament	2								■			Nein
Kunststoff	Nylon	3		■						■	■		Nein
Kunststoff	PEEK	1			■		■				■		Nein
Kunststoff	PET	3		■						■	■		Nein
Kunststoff	PETG	2			■						■	■	Nein
Kunststoff	PLA	3											Nein
Kunststoff	ULTEM	1			■		■				■		Nein
Metall	Aluminum	1					■		■		■		Nein
Metall	Bronze	1	■			■							Nein
Metall	Cobalt Chrom	1	■			■	■				■	■	JA
Metall	Edelmetalle	0						■		■			Nein
Metall	Edelstahl	1		■				■			■	■	Nein
Metall	Inconel	0				■	■						Nein
Metall	Kupfer	1	■			■							Nein
Metall	Nickel	0							■		■		Nein
Metall	Titan	0				■		■			■		Nein
Harz	PolyJet Resin	1		■			■	■		■			Nein
Harz	SLA Resin	1		■			■			■			Nein
Gips	Sandstein/Gips	2		■						■			Nein
Wachs	Wachs	3						■		■			Nein
Keramik	Keramik	2				■	■						Nein
Papier	Papier	2											Nein

Preisbewertung 3 sehr gut 2 gut 1 befriedigend 0 ungenügend

Legende: ■ Trifft zu; — Trifft nicht zu

Abbildung 40: Materialauswahl (beispielhaft ausgefüllt)
Quelle: Eigene Darstellung

Das Ergebnis dieser Phase ist das ausgewählte Material, welches die geforderten Eigenschaften erfüllt und somit zur Herstellung des Produktes verwendet werden soll.

Sollte nach der Produktauswahl zunächst die Materialauswahl anstelle der Verfahrensauswahl durchgeführt werden, ist entsprechend dieser Materialauswahl im Anschluss die Verfahrensauswahl zu treffen. Dabei ist die Auswahl der Verfahren eingeschränkt, da nicht alle Materialien mit allen Verfahren gefertigt werden können. Nichtsdestotrotz erscheint es sinnvoll, die Verfahrensauswahl zunächst anhand der Kriterien auszufüllen und dann das am besten bewertete Verfahren, welches das gewünschte Material verarbeitet, auszuwählen. Somit kann eine fundierte, auf spezifischen Kriterien basierende, Auswahl getroffen werden, um ein möglichst zufriedenstellendes Ergebnis zu erhalten.

5.2.5 Prototypendruck

Nachdem das Produkt, das Verfahren sowie das Material ausgewählt sind, steht nun die Phase des Prototypendrucks an. Das Ziel dieser Phase ist es, einen additiv gefertigten Prototyp zu erhalten, mit dem weitere Analysen zur Evaluation der Eignung durchgeführt werden können.

Dafür ist ein geeigneter Dienstleister, der das entsprechende Verfahren und das ausgewählte Material verarbeitet zu finden und entsprechende Angebote einzuholen. Dieser Dienstleister kann mit seinen fachlichen Kenntnissen durchaus weitere Hilfestellungen in Bezug auf das ausgewählte Material und das geeignete Verfahren geben, sofern dort aus produktseitiger Sicht Spielräume bestehen oder mehrere Verfahren zur Verfügung stehen.

Als Ergebnis dieser Phase liegt ein additiv gefertigter Prototyp des ausgewählten Produkts vor, mit welchem verschiedene Analysen durchgeführt werden können.

5.2.6 Qualitative Analyse

Das Ziel der qualitativen Analyse ist es zu bestimmen, ob der additiv gefertigte Prototyp den gestellten qualitativen Ansprüchen genügt.

Dafür sind diverse qualitative Untersuchungen vorzunehmen, die von Produkt zu Produkt unterschiedlich ausfallen können. Die Auswahl der passenden Qualitätsanalysen ist vom Anwender selbst zu entscheiden. Als Beispiele werden hier Messungen der vorgegebenen Maße und Toleranzen, Tests zur Bruchfestigkeit des Produktes oder Messung der Oberflächenrauheit aufgeführt. Dabei sind die gleichen Maßstäbe anzuwenden wie für das konventionell gefertigte Produkt.

Das Ergebnis dieser Phase ist die Entscheidung, ob die Qualität des additiv gefertigten Produktes ausreichend ist. Falls dies erfüllt ist werden weitere Analysen durchgeführt. Sollte die Qualität nicht den Anforderungen entsprechen, können anhand dieser Erkenntnisse zunächst Anpassungen in Bezug auf das Material und Verfahren vorgenommen werden. Sollte diese potenzielle Veränderung jedoch keine Verbesserung versprechen, ist das ausgewählte Produkt für die additive Fertigung als ungeeignet zu betrachten.

5.2.7 Fertigungstechnische Analyse

Das Ziel der fertigungstechnischen Analyse ist die Überprüfung, inwieweit eine Umstellung von konventionellen Verfahren auf additive Verfahren für das ausgewählte Produkt Vorteile im Fertigungsprozess liefert.

Dafür ist zunächst der aktuelle IST-Prozess mit dem konventionellen Fertigungsverfahren aufzunehmen. Jeder einzelne Fertigungsschritt ist zu erfassen und für jeden Fertigungsschritt sind Prozesszeit, Rüstzeiten, die Anzahl involvierter Mitarbeiter sowie weitere wichtige Kennzahlen aufzunehmen. Die gleichen Punkte sind für das additive Fertigungsverfahren, also dem SOLL-Prozess, zu ermitteln. Sollte der additive Fertigungsprozess Vorteile gegenüber dem herkömmlichen Prozess aufweisen, kann in die nächste Phase übergegangen werden. Ist der additive Fertigungsprozess jedoch mit erhöhtem Prozessaufwand verbunden, erscheint die konventionelle Fertigung sinnvoller. Diese Erkenntnisse können auch hier auf die Auswahlebene zurückgespielt werden, um entsprechende Anpassungen vorzunehmen und die Eignungsanalyse in angepasster Form erneut zu durchlaufen.

Das Ergebnis dieser Phase ist die Feststellung, ob sich die Umstellung auf additive Fertigung aus Prozesssicht lohnt oder die konventionelle Fertigung als besser zu erachten ist.

5.2.8 Wirtschaftliche Analyse

Während bei der fertigungstechnischen Analyse der Fokus auf den Änderungen im Fertigungsprozess liegt, ist das Ziel der letzten Phase der Eignungsanalyse die wirtschaftliche Bewertung der Umstellung auf additive Fertigungsverfahren für das ausgewählte Produkt.

Die Form, in welcher die Wirtschaftlichkeitsanalyse durchgeführt wird, hängt dabei vom Anwender ab und wie in dem betreffenden Unternehmen neue Investitionen bewertet werden. Für einen detaillierten Einblick in die klassischen Investitionsrechnungsverfahren wird an dieser Stelle auf die Ausführungen von [Pog15] verwiesen. Wenn ein reiner Kostenvergleich beider Alternativen gewünscht ist können die klassischen Methoden der Kostenrechnung verwendet werden. Diese sind den Ausführungen von [Hor15] zu entnehmen.

Das Ergebnis dieser letzten Phase ist die wirtschaftliche Gegenüberstellung des konventionellen Fertigungsverfahrens mit dem additiven Fertigungsverfahren für das ausgewählte Produkt. Ist die additive Fertigung des Produktes wirtschaftlich attraktiver, so ist die Eignung des ausgewählten Produktes zur additiven Fertigung festgestellt. Für den Fall, dass die konventionelle Fertigung wirtschaftlich lukrativer ist, können diese Erkenntnisse auf die Auswahlebene zurückgespielt werden und entsprechende Anpassungen vorgenommen werden. Dies ermöglicht eine fundierte Entscheidung zum Einsatz additiver Fertigungsverfahren zur Produktion des ausgewählten Produktes, die am Ende der Eignungsanalyse getroffen wird.

5.3 Validierung mit Experten der additiven Fertigung

Die entwickelte Eignungsanalyse wurde im Rahmen der Rapid.Tech + FabCon 3.D von vier Experten der additiven Fertigung begutachtet (vgl. Anhang F). Die Rapid.Tech + FabCon 3.D ist eine führende Messe im Bereich der additiven Fertigung und fand vom 5. bis 7. Juni 2018 auf dem Messegelände in Erfurt statt.

Die befragten Experten sind sich einig, dass das entwickelte Modell alle wichtigen Aspekte zur Ermittlung der Eignung zur additiven Fertigung beinhaltet. Sie begrüßen darüber hinaus, dass im Modell die Reihenfolge der Verfahrens- und Materialauswahl nicht festgelegt ist und dies einzelfallabhängig angepasst werden kann. Außerdem ist das ganzheitliche Denken, welches von dem Modell unterstützt wird, laut Expertenmeinung ausschlaggebend für den erfolgreichen Einsatz additiver Fertigungsverfahren.

Kritisch gesehen wird seitens der Experten, dass die Interaktion mit dem additiv fertigenden Dienstleister im vorgezeigten Modell nicht ausreichend dargestellt wird. Denn dieser kann mit seinen Kenntnissen Anpassungen bezüglich des Verfahrens und Materials vorschlagen, so, wie es in Abschnitt 5.2.5 beschrieben wird. Dies wird in der ursprünglichen Darstellung des Modells jedoch nicht deutlich. Aus diesem Grund wird eine Anpassung des Modells vorgenommen und die Erkenntnisse aus der Phase des Prototyps, worunter das Wissen des Dienstleisters zählt, ebenfalls als Anpassungen zurückgespiegelt. Diese Anpassung ist im vorgestellten Modell in Abbildung 36 bereits abgeändert worden.

Ein Experte betont darüber hinaus die Wichtigkeit der Wirtschaftlichkeit bei der Eignungsanalyse. Diese ist bereits bei der Phase der Produkteignung zu beachten. Basierend auf dieser Anregung, ist die Beschreibung der Phase Produkteignung um die anfängliche wirtschaftliche Betrachtung des Produktes erweitert worden.

Zusammenfassend kann festgestellt werden, dass das entwickelte Modell von den vier befragten Experten der additiven Fertigung als valide und hilfreich bewertet wird.

5.4 Fazit zur Eignungsanalyse für additive Fertigungsverfahren

Im Zuge dieses Kapitels wird die entwickelte anwendungsorientierte Systematik zur Entscheidung über den geeigneten Einsatz additiver Fertigungsverfahren vorgestellt. Das entwickelte Vorgehensmodell deckt damit den in der empirischen Untersuchung identifizierten Bedarf nach einer anwendungsorientierten und strukturierten Eignungsanalyse ab. Dieses Modell besteht aus den Phasen Produkteignung, Verfahrensauswahl, Materialauswahl, Prototypendruck, qualitative Analyse, fertigungstechnische Analyse und der wirtschaftlichen Analyse. Jede dieser Phasen wird dem Anwender detailliert beschrieben, wobei zusätzlich im Zuge dieser Arbeit entwickelte Auswahlwerkzeuge zur Anwendung kommen. Vier Experten der additiven Fertigung bewerten abschließend die entwickelte Eignungsanalyse als valide und hilfreich für den Anwender.

6 Praktische Anwendung der Eignungsanalyse

Neben der theoretischen Validierung durch Experten der additiven Fertigung wird im Zuge dieser Arbeit das entwickelte Vorgehensmodell zur Validierung ebenfalls praktisch angewendet. Dafür wird das Modell bei einem Medizintechnikunternehmen eingesetzt, um so eine fundierte Bewertung vorzunehmen und Verbesserungspotenziale zu identifizieren.

Für dieses Kapitel ergeben sich somit zusammenfassend folgende zwei Leitfragen:

- Wie ist der praktische Einsatz der entwickelten Eignungsanalyse zu bewerten?
- Welche Verbesserungspotenziale und Weiterentwicklungsmöglichkeiten weisen die Eignungsanalyse sowie die Auswahlwerkzeuge auf?

6.1 Unternehmensvorstellung

Das Unternehmen, das für die Validierung des Vorgehensmodells ausgewählt wird, wurde im Jahr 1966 gegründet. Mit seinen 20 Mitarbeitern, einem Umsatz von 2,2 Millionen Euro im Jahr 2017 sowie einer Bilanzsumme von knapp 1 Million Euro ist das familiengeführte Kleinunternehmen dem klassischen Mittelstand zuzuordnen [Eur03]. Der Sitz des Unternehmens befindet sich in der Region Tuttlingen, dem bereits erwähnten „Weltzentrum der Medizintechnik"[Squ18]. Seit mehr als 50 Jahren spezialisiert sich das Unternehmen auf die Herstellung von chirurgischen Instrumenten. Dabei erstreckt sich das Portfolio der hergestellten Medizinprodukte von Instrumenten für den HNO-Bereich (z.B. Absaugrohre, Tonsillotome und Nasenpolypenschnürer), über die Knochenchirurgie

J. Ilg, *Systematische Eignungsanalyse zum Einsatz additiver Fertigungsverfahren*, BestMasters, https://doi.org/10.1007/978-3-658-24631-0_6

(z.B. Knochenhalterzangen und Drahthaltezangen) bis hin zur Wirbelsäulenchirurgie (z.B. Kompressoren, Distraktoren und Implantathaltezangen). Insgesamt exportiert das nach DIN EN ISO 13485 zertifizierte Unternehmen 80% der hergestellten Medizinprodukte in die Vereinigten Staaten.

Das Medizintechnikunternehmen hat Interesse an einem Einsatz von additiven Fertigungsverfahren und möchte diesen mit dem in dieser Arbeit entwickeltem Vorgehensmodell überprüfen.

6.2 Produkteignung

Das Produkt, für das die Eignung zur additiven Fertigung ermittelt werden soll, ist eine Implantathaltezange, ein sog. Rod Rocker. Dieser kommt bei einer Operation zur Korrektur einer seitlich verkrümmten Wirbelsäule zum Einsatz. Während der Operation wird das Instrument eingesetzt, um den Draht, der die einzelnen Wirbel miteinander verbinden soll, in Form zu bringen (vgl. Abbildung 41 und Abbildung 42) [Med06], [Str18].

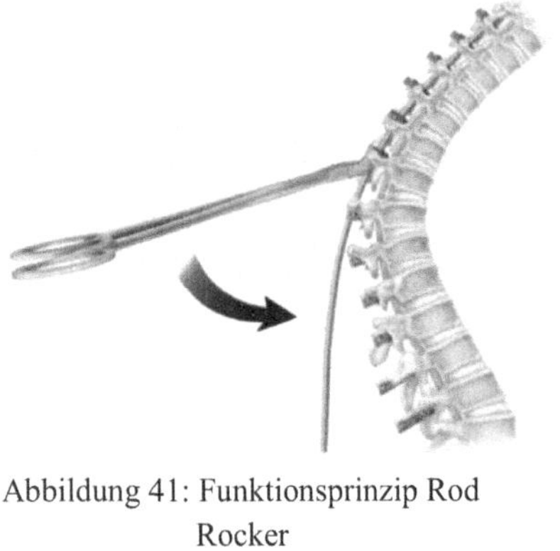

Abbildung 41: Funktionsprinzip Rod Rocker
Quelle: [Med06]

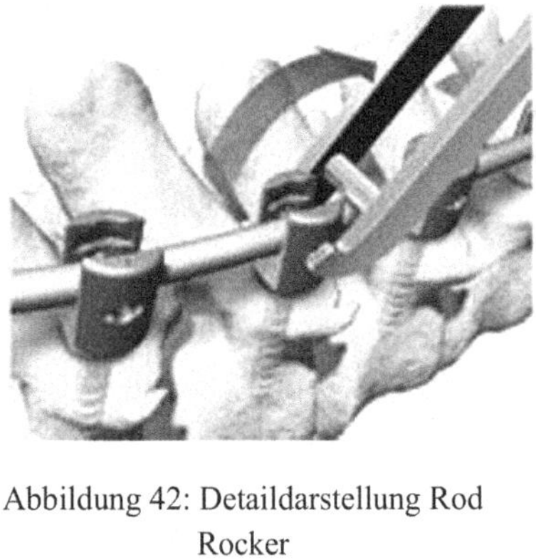

Abbildung 42: Detaildarstellung Rod Rocker
Quelle: [Str18]

Der generelle Aufbau des chirurgischen Instruments ist in der technischen Zeichnung in Abbildung 43 dargestellt. Das Maulteil des Instrumentes, das in Abbildung 43 als Detail A genauer dargestellt ist, weist als Besonderheit einen Querstift auf, der bei geschlossener Zangenhaltung die beiden Maulteile miteinander verbindet. Außerdem sind an der Spitze des Schlusses zwei Pins vorhanden, welche der Fixierung des Implantats dienen. Zur beweglichen Verbindung des linken und des rechten Seitenteils werden diese im Herstellungsprozess im sog. Schluss miteinander vernietet. Der Schluss ist über zwei sog. Branchen mit den Griffen verbunden. Die beiden Ringteile, die den Griff darstellen, rasten dabei durch eine 5-Zahnsperre ineinander und halten das Instrument in Position.

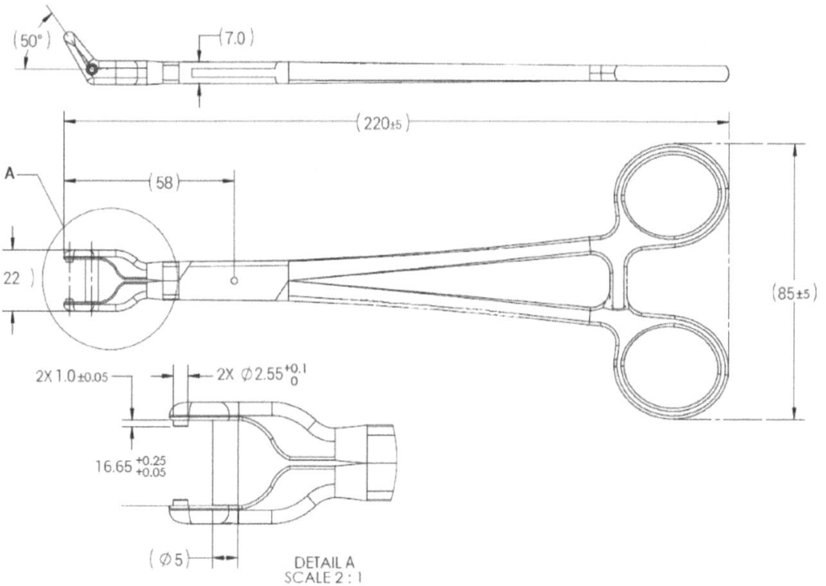

Abbildung 43: Technische Zeichnung des Rod Rockers
Quelle: [ILG18]

Die ausgewählte Implantathaltezange weist ein wirtschaftliches Verbesserungspotenzial auf, da es ein Produkt mit vergleichsweise hohen Herstellkosten pro Stück darstellt. Dies ist darauf zurückzuführen, dass der Rod

Rocker in seiner Herstellung viele manuelle, teilweise komplexe Fertigungsschritte besitzt. Dabei kommen unterschiedliche Fertigungsverfahren zum Einsatz, die zum Teil durch Außer-Haus-Lieferanten durchgeführt werden müssen. Das Instrument wird dabei mit einer geringen Stückzahl von 100 Stück pro Jahr nach Vorgaben des Kunden individuell gefertigt. Für den Rod Rocker wird die im Zuge des Vorgehensmodells eingesetzte Produkteignungsmatrix ausgefüllt. Die innerhalb eines Workshops gemeinsam ausgefüllte Matrix ist im Anhang 7G zu finden. Das Ergebnis zeigt, dass sich das Produkt tendenziell für die additive Fertigung eignet (vgl. Abbildung 44).

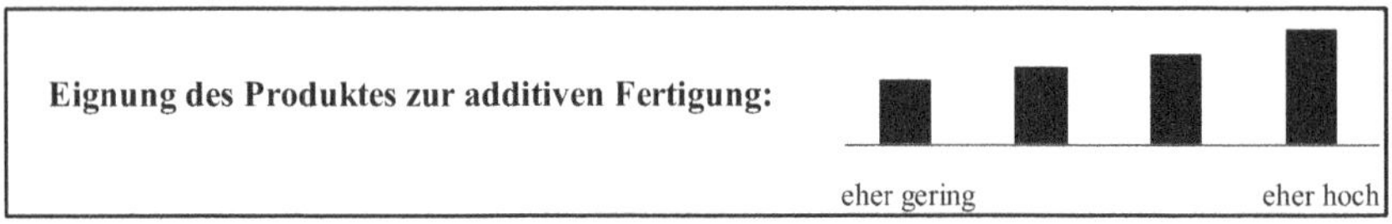

Abbildung 44: Eignung des Rod Rockers zur additiven Fertigung
Quelle: Eigene Darstellung

6.3 Materialauswahl

Das Material, das zur Herstellung des Rod Rockers verwendet wird, ist von Seiten des Kunden festgelegt. Somit ist von dem Medizintechnikunternehmen im Rahmen des Vorgehensmodells keine Materialauswahl zu treffen (vgl. Möglichkeit 1 in Abbildung 37). Das zu verwendende Material ist der Edelstahl mit der Werkstoff-Nr. 1.4542. Dies ist ein hochwertiger Stahl, der sich durch seine Härtebarkeit und Korrosionsbeständigkeit zur Herstellung chirurgischer Instrumente eignet.

6.4 Verfahrensauswahl

Zur Identifizierung eines geeigneten additiven Verfahrens wird gemäß der Eignungsanalyse die entwickelte Verfahrensauswahl eingesetzt. Die für den Rod Rocker innerhalb des Workshops ausgefüllte Verfahrensauswahl ist im Anhang H abgebildet. Durch den paarweisen Vergleich der Kriterien wird zunächst die Rangfolge zwischen den Kriterien ermittelt. Für den Rod Rocker ist die Oberflächenqualität das wichtigste Kriterium. Dem folgen die Belastbarkeit des Drucks, die Auflösung/Genauigkeit, die Temperaturbeständigkeit sowie die Haltbarkeit des Drucks.

Auf Basis der ermittelten Rangfolge wird für das ausgewählte Produkt mittels der Nutzwertanalyse das Verfahren des selektiven Laserschmelzens (SLM) als passendstes Fertigungsverfahren vorgeschlagen. Das selektive Lasersintern (SLS) sowie das Elektronenstrahlschmelzen (EBM) folgen auf den Plätzen zwei und drei. Da der vorgegebene Werkstoff 1.4542 beim SLM verarbeitet werden kann, wird dieses Verfahren zur Fertigung des Rod Rockers ausgewählt.

6.5 Prototypendruck

Mit den vorhandenen CAD-Daten des zu fertigenden Teils sowie dem Wissen über das Material und das Fertigungsverfahren werden von fünf verschiedenen additiv fertigenden Dienstleistern Angebote eingeholt. Nach telefonischer Rücksprache wird einem Dienstleister der Auftrag zur additiven Herstellung eines Prototyps erteilt.

Das ausgewählte Produkt kann laut Aussagen des Dienstleisters komplett in einem Druckprozess additiv hergestellt werden. Dabei werden sowohl das Gelenk als auch der Querstift im Maulteil sowie die 5-Zahnsperre am Griff funktionstüchtig hergestellt. Der Rod Rocker wird dabei stehend gefertigt (vgl. Abbildung 45). Dies ist sinnvoll, da ansonsten das geringe Spaltmaß von 0,1mm im Schluss nicht zu realisieren ist. Durch diese Ausrichtung sind jedoch Stützstrukturen notwendig, die im Nachgang entfernt werden müssen (vgl. Abbildung 46). Die Nachbearbeitung, bestehend aus der Entfernung der Stützstrukturen sowie dem Sandstrahlen des Produktes, werden von Seiten des Dienstleisters durchgeführt.

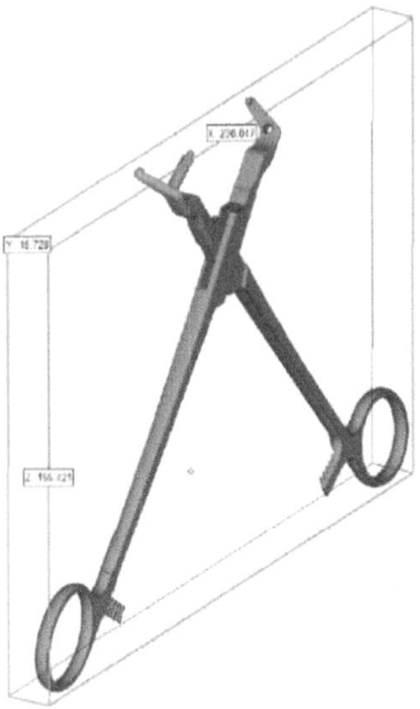

Abbildung 45: Bauraumpositionierung Rod Rocker
Quelle: [3DL18]

Abbildung 46: Stützstrukturen Rod Rocker
Quelle: [3DL18]

Das Bauvolumen eines Teils beträgt 13,2cm³ bei einer Bauhöhe von 155,5mm. Die voraussichtliche Herstellzeit eines Rod Rockers mittels selektivem Laserschmelzen beläuft sich dabei auf 20 Stunden. Laut Angaben des Dienstleisters können im vorhandenen Bauraum insgesamt 13 Stück parallel gedruckt werden, wobei dann die Maschinenlaufzeit ca. 60 Stunden beträgt.

6.6 Qualitative Analyse

Mit dem additiv gefertigten Prototyp erfolgt nun die qualitative Analyse. Im Rahmen dieser qualitativen Analyse werden alle relevanten Maße der technischen Zeichnung von Abbildung 43 überprüft. Die Ergebnisse der Messung sind im Messprotokoll in Tabelle 14 zu sehen.

Tabelle 14: Messprotokoll des additiv gefertigten Rod Rockers
Quelle: Eigene Darstellung

Sollmaß inkl. Toleranzen in mm	Istmaß in mm	Maß in Ordnung	Maß nicht in Ordnung
220 ±5	222	X	
85 ±5	84,3	X	
7,0 ±0,5	6,9	X	
22 ±0,5	21,8	X	
Ø5 ±0,1	4,9	X	
16,65 +0,05/+0,25	16,74	X	
1,0 ±0,05	0,97	X	
1,0 ±0,05	0,91		X
Ø2,24 0/+0,1	Kein Radius vorhanden		X
Ø2,24 0/+0,1	Kein Radius vorhanden		X

Bezüglich der Maßhaltigkeit des additiv gefertigten Bauteils kann festgestellt werden, dass der Großteil der geforderten Maße im Toleranzbereich liegen und somit den Qualitätskriterien entsprechen. Bei den zwei Pins im Maulteil kommt die additive Fertigung jedoch an ihre Grenzen. Diese sind an den Arbeitsenden nicht symmetrisch und kreisförmig ausgebildet und weisen teilweise auch nicht die geforderte Höhe auf (vgl. Abbildung 47). Die generelle Funktion ist zwar gegeben, aber in dieser Form genügt es nicht den Ansprüchen des Kunden und den grundsätzlichen Vorgaben.

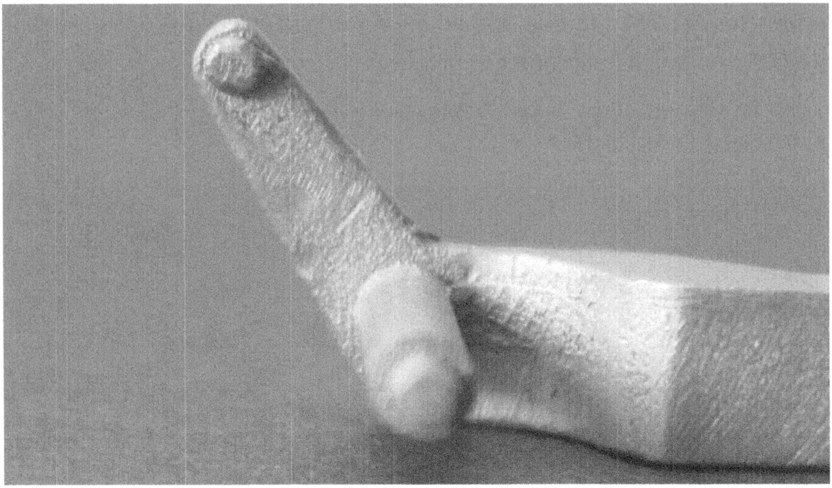

Abbildung 47: Detailabbildung des Pins im Maulteil des Rod Rockers
Quelle: Eigene Darstellung

Der durchgeführte Funktionstest des Instruments wird als positiv bewertet. Der Querstift (Ø4 mm) läuft sehr gut in das gegenüberliegende Maulteil. Die 5-Zahnsperre (vgl. Abbildung 48) rastet sehr präzise ein und hält das Instrument sehr gut in Position.

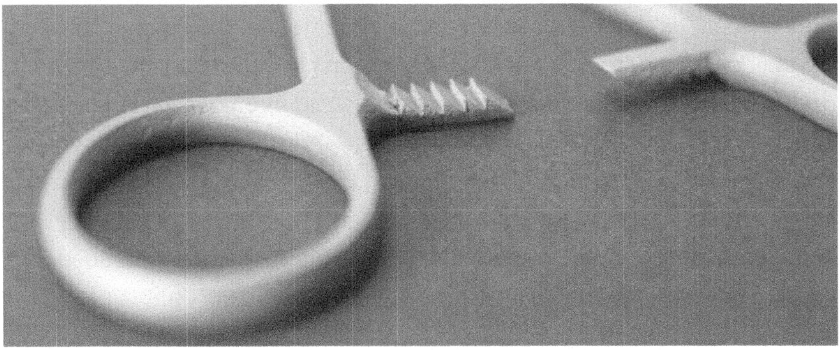

Abbildung 48: Detailabbildung der 5-Zahnsperre des Rod Rockers
Quelle: Eigene Darstellung

Die geforderte Funktion zum Greifen des Implantates kann mit manuellem Richten der Branchen problemlos erreicht werden. Das Instrument lässt sich insgesamt leicht und gleichmäßig öffnen, wobei es jedoch im Schluss und in dem Schlussniet etwas zu viel Spiel hat. Dies lässt sich jedoch durch Korrektur der CAD-Daten beheben.

Die Oberflächen des Prototyps, die durch Polieren nachgearbeitet werden können sowie die Ringinnenflächen des Griffs sind in Ordnung. Die Oberflächen der Schluss-Innenflächen und der Innenflächen des Maulteils, die für eine Nachbearbeitung unzugänglich sind, sind jedoch viel zu rau und genügen nicht den geforderten Qualitätskriterien (vgl. Abbildung 49).

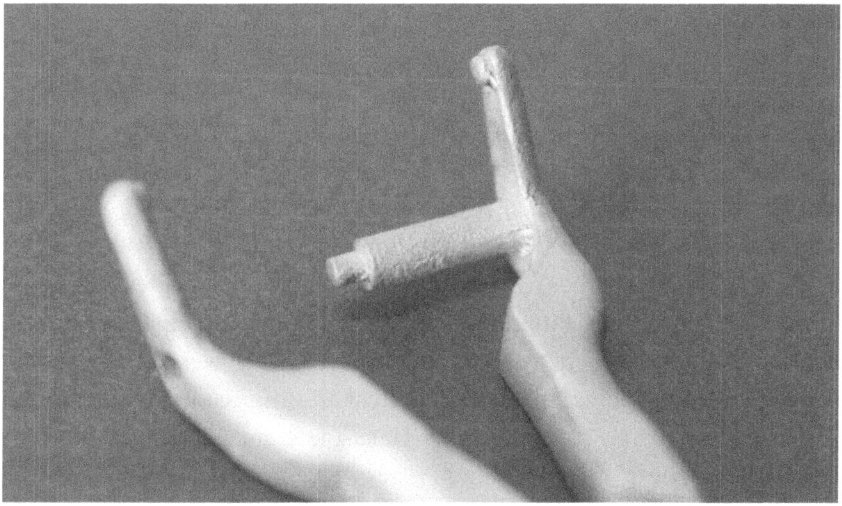

Abbildung 49: Detailabbildung der Oberfläche im Maulteil des Rod Rockers
Quelle: Eigene Darstellung

Insgesamt überzeugt die gute Formgebung sowie die Funktion des additiv gefertigten Rod Rockers. Die Maßhaltigkeit ist ebenfalls bei den meisten Maßen gegeben. Kleine und feine Instrumententeile werden jedoch nicht in der erforderlichen Qualität abgebildet und die Oberflächenqualität genügt bei den unzugänglichen Bereichen nicht den Spezifikationen.

Somit ist abschließend festzustellen, dass die Qualität des additiv gefertigten Bauteils nicht den erforderlichen Kriterien entspricht. Eine Anpassung des Verfahrens verspricht nach Rücksprache mit dem Dienstleister dabei auch kein besseres Ergebnis, weshalb für den ausgewählten Rod Rocker eine additive Fertigung mit dem momentanen Stand der additiven Fertigungstechnologie nicht in Frage kommt. Aus diesen Gründen würde die Eignungsanalyse für das ausgewählte Produkt an dieser Stelle abgebrochen werden, mit dem Ergebnis einer nicht vorhandenen Eignung zur additiven Fertigung. Zur Veranschaulichung und Validierung des gesamten Vorgehensmodells wird der Prozess jedoch im Rahmen dieser Arbeit nicht abgebrochen und die nächsten Phasen durchlaufen.

6.7 Fertigungstechnische Analyse

Bei der fertigungstechnischen Analyse wird der aktuelle IST-Prozess mit dem additiven SOLL-Prozess für die Produktion einer Losgröße von 10 Stück verglichen. Hierbei wird der gesamte Prozess der Erstfertigung, inklusive der einmaligen Programmierung der Maschinen, einander gegenübergestellt. Wartezeiten zwischen den Arbeitsgängen werden dabei nicht betrachtet. Der aktuelle IST-Prozess besteht aus insgesamt 21 Arbeitsgängen, wobei 6 Arbeitsgänge von Außer-Haus-Lieferanten durchgeführt werden (vgl. Tabelle 15). Die gesamte Prozesszeit zur Fertigstellung des Rod Rockers beträgt 10.840 Minuten, was etwa 23 Werktagen entspricht, wovon lediglich an 3 Werktagen das Produkt im Haus bearbeitet wird.

Tabelle 15: IST-Prozess des Rod Rockers für 10 Stück
Quelle: Eigene Darstellung

Pos.	Arbeitsgang	Fertigungsort	Prozesszeit in Minuten	Rüstzeit in Minuten	Durchlaufzeit / Lieferzeit in Minuten	Anzahl involvierter Mitarbeiter
1	Programmierung CNC	Im Haus	240	0	240	1
2	Material sägen auf 189mm	Im Haus	10	0	10	1
3	Maschine einrichten	Im Haus	0	210	210	1
4	Ersttcil prüfen laut Prüfplan DOK 39	Im Haus	0	30	30	1
5	Bearbeiten und IN-Prozessprüfung laut DOK 39	Im Haus	240	0	240	0,5
6	Ringteile Sperre fräsen, Ringe & Branchen schleifen und polieren	Außer-Haus	k.A.	k.A.	7200	k.A.
7	Ringteile ablängen, Maulteile uind Ringteile WIG-Schweißen					
8	Schluss durchstecken					
9	Schluss feilen, Kanten brechen	Im Haus	25	5	30	1
10	Schlußniet WIG-Schweißen	Außer-Haus	k.A.	k.A.	480	k.A.
11	Querstift Ø4,0 mm fertigen	Im Haus	60	30	90	1
12	Querstift laserschweißen	Im Haus	55	5	60	1
13	Maulteil und Ringe richten gemäß Zeichnung	Im Haus	30	0	30	1
14	Zange härten und anlassen	Außer-Haus	k.A.	k.A.	480	k.A.
15	Zange komplett polieren, bürsten und mattieren	Im Haus	180	0	180	1
16	Zange komplett sandstrahlen	Im Haus	30	0	30	1
17	Teile ulltraschallreinigen und passivieren	Im Haus	30	0	30	1
18	Zange laserbeschriften	Außer-Haus	k.A.	k.A.	1440	k.A.
19	Kurzpassivieren	Im Haus	15	0	15	1
20	Maßkontrolle	Im Haus	15	0	15	1
21	Endkontrolle	Im Haus	30	0	30	1
	Gesamtzeit		**960**	**280**	**10.840**	

Als Vergleich dazu wird, basierend auf den Informationen des Dienstleisters, der SOLL-Prozess für die additive Herstellung des Rod Rockers erstellt (vgl. Tabelle 16). Durch eine Umstellung auf additive Fertigungsverfahren kann eine Reduktion der Arbeitsgänge von 21 auf 18 erreicht werden. Dabei reduziert sich die Prozesszeit um 43% von 23 Werktagen auf 13 Werktage (6.350 Minuten). Dies lässt sich vor allem auf die signifikante Reduzierung der Außer-Haus-Prozesse von 6 auf 2 erklären, womit die Implantathaltezangen lediglich an 4 Werktagen außer Haus bearbeitet wird. Darüber hinaus werden die Rüstzeiten um 77% von mehr als 4,5 Stunden auf 1 Stunde reduziert.

Tabelle 16: SOLL-Prozess des Rod Rockers für 10 Stück
Quelle: Eigene Darstellung

Pos.	Arbeitsgang	Fertigungsort	Prozesszeit in Minuten	Rüstzeit in Minuten	Durchlaufzeit / Lieferzeit in Minuten	Anzahl involvierter Mitarbeiter
1	Einrichten CAD	Im Haus	120	0	120	1
2	Einrichten Maschine	Im Haus	0	5	5	1
3	Rüsten Maschine ohne Materialwechsel	Im Haus	0	60	60	1
4	Bauteil-Druck	Im Haus	3600	0	3600	0,01
5	Entnahme	Im Haus	25	0	25	1
6	Trennen von Bauplatte	Im Haus	20	0	20	1
7	Nachbearbeitung (Entfernen von Stützmaterial)	Im Haus	150	0	150	1
8	Bauplatte schleifen	Im Haus	60	0	60	1
9	Siebenpulver	Im Haus	120	0	120	0,4
10	Maulteil und Ringe richten gemäß Zeichnung	Im Haus	30	0	30	1
11	Zange härten und anlassen	Außer-Haus	k.A.	k.A.	480	k.A.
12	Zange komplett polieren, bürsten und mattieren	Im Haus	120	0	120	1
13	Zange komplett sandstrahlen	Im Haus	30	0	30	1
14	Teile ulltraschallreinigen und passivieren	Im Haus	30	0	30	1
15	Zange laserbeschriften	Außer-Haus	k.A.	k.A.	1440	k.A.
16	Kurzpassivieren	Im Haus	15	0	15	1
17	Maßkontrolle	Im Haus	15	0	15	1
18	Endkontrolle	Im Haus	30	0	30	1
	Gesamtzeit		**4365**	**65**	**6.350**	

Basierend auf der durchgeführten fertigungstechnischen Analyse kann festgestellt werden, dass sich eine Umstellung auf additive Fertigung aus Prozesssicht lohnt, da sich die Durchlaufzeit deutlich um 10 Werktage verkürzt. Darüber hinaus sind bei der additiven Herstellung weniger Außer-

Haus-Prozesse vorhanden, was die Risiken von Lieferproblemen oder Lieferreklamationen verkleinert.

6.8 Wirtschaftliche Analyse

Mit den Informationen der fertigungstechnischen Analyse wird eine Wirtschaftlichkeitsanalyse durchgeführt. Dabei werden, wie bei dem betrachteten Medizintechnikunternehmen üblich, die Herstellkosten per Zuschlagskalkulation mit integrierter Maschinenstundensatzrechnung ermittelt [Hor15]. Diese Auswahl begründet sich auf der Prämisse, dass die Umsatz- bzw. Absatzseite konstant bleibt, unabhängig vom gewählten Fertigungsverfahren. Die durchgeführte Kalkulation (vgl. Tabelle 17), welche im Detail Anhang I zu entnehmen ist, zeigt, dass bei der additiven Fertigung deutlich höhere Herstellkosten pro Stück zu erwarten sind.

Tabelle 17: Wirtschaftlichkeitsanalyse für den Rod Rocker
Quelle: Eigene Darstellung

Kostenart	**Herstellung mittels CNC**	**Additive Herstellung**
Materialeinzelkosten	62,30 €	150,00 €
Materialgemeinkosten (10%)	6,23 €	15,00 €
Materialkosten	**68,53 €**	**165,00 €**
Fertigungslöhne	1.012,00 €	730,30 €
Maschinenkosten	273,29 €	6.005,38 €
Außer-Haus-Kosten	441,00 €	71,00 €
Fertigungskosten	**2.218,29 €**	**6.806,68 €**
Herstellkosten	**2.286,82 €**	**6.971,68 €**
Herstellkosten pro Stück	**228,68 €**	**697,17 €**

So betragen die Herstellkosten eines Rod Rockers in der bisherigen Herstellung knapp 230 Euro und in der additiven Herstellung knapp 700 Euro. Dies ist vor allem auf die hohen Maschinenkosten mit einem Maschinenstundensatz von 100 Euro sowie einer Maschinenlaufzeit von 60 Stunden für die Fertigung von 10 Instrumenten zurückzuführen. Zudem sind die

Materialkosten mehr als doppelt so teuer bei der additiven Fertigung, was in einen zehnfach höheren Rohstoffpreis pro Kilogramm begründet liegt. Die Fertigungslöhne sowie die Außer-Haus-Kosten können zwar durch die additive Fertigung reduziert werden, allerdings fällt dies durch die stark erhöhten Maschinenkosten nur unwesentlich ins Gewicht.

Auf Basis dieser wirtschaftlichen Analyse wird final festgestellt, dass sich der ausgewählte Rod Rocker mit dem aktuellen Stand der additiven Fertigungsverfahren wirtschaftlich nicht für die additive Fertigung eignet. Auch wenn mit der deutlichen Reduzierung der Durchlaufzeit und somit einer schnelleren Lieferzeit höhere Preise am Markt erzielt werden können, so ist eine Preiserhöhung um das Dreifache nicht realistisch. Somit ist am Ende des Vorgehensmodells für den Rod Rocker neben den qualitativen Aspekten auch wirtschaftlich die Entscheidung gegen einen Einsatz additiver Fertigungsverfahren gefallen.

6.9 Fazit zur praktischen Anwendung der Eignungsanalyse

In diesem Kapitel wird das entwickelte Modell zur Validierung bei einem Medizintechnikunternehmen praktisch angewendet. Durch die Anwendung kann der praktische Einsatz des entwickelten Modells bewertet sowie Verbesserungs- und Weiterentwicklungspotenziale aufgezeigt werden.

Der Einsatz der Eignungsanalyse in der Praxis wird von den Anwendern als hilfreich bewertet. Insbesondere wenn bisher, wie bei dem betrachteten Medizintechnikunternehmen, noch keine Erfahrung in der additiven Fertigung vorhanden ist, gibt das Vorgehensmodell eine klare und systematische Vorgehensweise vor. So kann in aufeinander aufbauenden Schritten eine fundierte Entscheidung über den Einsatz von additiven Fertigungsverfahren getroffen werden. Dabei werden aus Sicht der Anwender alle wesentlichen und notwendigen Punkte adressiert, die für eine solche Entscheidung aus Unternehmenssicht notwendig sind.

Durch die Anwendung werden darüber hinaus Verbesserungspotenziale und Weiterentwicklungsmöglichkeiten identifiziert. So kann die Produkteignungsmatrix durch Gewichtung der einzelnen Kriterien noch aussagekräftiger werden. Denn in der Anwendung hat sich gezeigt, dass nicht allen Kriterien eine gleiche Bedeutung zur additiven Fertigung zugewiesen werden sollte.

Darüber hinaus wünschen sich die Anwender, dass zur Orientierung bei der fertigungstechnischen und wirtschaftlichen Analyse ebenfalls Werkzeuge wie in der Auswahlebene zur Verfügung gestellt werden. Dies beschleunigt den Prozess und erhöht die Anwendungswahrscheinlichkeit, da besonders unerfahrene Unternehmen mit diesen Hilfestellungen einfacher das Modell in der Praxis einsetzen können. Unternehmen, die dennoch andere Methoden verwenden möchten, können dies ohne die Verwendung dieser Werkzeuge weiterhin tun.

Zusammenfassend zeigt sich durch die praktische Validierung des Vorgehensmodells zum einen dessen Anwendungstauglichkeit sowie zum anderen der Mehrwert durch die systematische Vorgehensweise, den das entwickelte Modell den Unternehmen bietet. Denn mit dem Vorgehensmodell werden auf effiziente Weise nur die notwendigen Punkte bearbeitet, die für eine Entscheidung über den Einsatz additiver Fertigungsverfahren notwendig sind.

Aufbauend auf den Erkenntnissen der vorliegenden Arbeit sind die entwickelte Eignungsanalyse durch die Anwendung in weiteren Unternehmen und Branchen zu validieren und die gewonnenen Erkenntnisse für die Weiterentwicklung des Modells zu nutzen. Ebenfalls ist eine Anknüpfung an den Folgeprozess nach der Entscheidung für eine additive Fertigung sinnvoll. Somit wird den Unternehmen ein ganzheitlicher Prozess vom anfänglichen Interesse bis einschließlich der Implementierung der additiven Fertigungstechnologie zur Verfügung gestellt.

7 Zusammenfassung

Im Rahmen dieser Arbeit wird eine systematische Eignungsanalyse zum Einsatz additiver Fertigungsverfahren mit dazu entwickelten Auswahlwerkzeugen erarbeitet und vorgestellt. Interessierten Unternehmen wird damit eine schrittweise, anwendungsorientierte Hilfestellung gegeben, um gezielt den Einsatz von additiven Fertigungsverfahren im unternehmensspezifischen Kontext zu prüfen. Das entwickelte Modell besteht aus den Phasen Produkteignung, Verfahrensauswahl, Materialauswahl, Prototypendruck, qualitative Analyse, fertigungstechnische Analyse und der wirtschaftlichen Analyse, welche schrittweise nacheinander durchlaufen werden. Experten der additiven Fertigung bewerten die entwickelte Eignungsanalyse als valide und bescheinigen den Mehrwert für den potenziellen Anwender. Dieser Mehrwert und die Anwendungstauglichkeit dieses Vorgehensmodells werden zusätzlich innerhalb einer praktischen Anwendung mit einem Medizintechnikunternehmen bestätigt.

Der Bedarf nach einer anwendungsorientierten und strukturierten Eignungsanalyse zur Auswahl eines geeigneten Produktes, Materials und Verfahrens sowie zur qualitativen, fertigungstechnischen und wirtschaftlichen Bewertung bei der Einführung additiver Fertigungsverfahren wird durch eine im Rahmen dieser Arbeit durchgeführten empirischen Untersuchung deutlich. Die dabei befragten Medizintechnikunternehmen unterschiedlicher Unternehmensgrößen setzen bereits mehrheitlich (54%) additive Fertigungstechnologien in ihrer Produktion ein. Zum größten Teil werden damit Prototypen hergestellt (64%), wobei auch Endprodukte in Kleinserie (21%) und in Serie (14%) bereits additiv gefertigt werden. Hierbei gibt es keinen Zusammenhang zwischen der Unternehmensgröße und der Erfahrung bzw. den Kenntnissen über additive Fertigung.

J. Ilg, *Systematische Eignungsanalyse zum Einsatz additiver Fertigungsverfahren*, BestMasters, https://doi.org/10.1007/978-3-658-24631-0_7

Die Auswahl der Medizintechnikbranche begründet sich auf dem großen Potenzial für den Einsatz additiver Fertigungstechnologien. In der Medizintechnik wird bis 2030 ein jährliches Wachstum des Marktvolumens im Bereich der additiven Fertigung von 23% prognostiziert. Außerdem weist die Branche die in dieser Arbeit identifizierten Eigenschaften einer hohen Wachstumsdynamik, starken Innovationskraft sowie der Prägung durch den Mittelstand auf. Diese Eigenschaften machen die Branche interessant für die additive Fertigung, da sich die Medizintechnik dadurch mit einer hohen Kapitalkraft, einem großen Interesse an innovativen Neu- und Weiterentwicklungen sowie der Notwendigkeit von Weiterentwicklungen durch die hohe Wettbewerbsintensität auszeichnen.

Literaturverzeichnis

[3DL18] 3D Laser BW. (2018). *Beratung und Fertigung bei der Anwendung der 3D-Technologie im Bereich Metall-Laserschmelzen mit anschließender Veredelung der Bauteile.* Kirchheim.

[ACI18] ACIG Ausstellung von Chirurgie-Instrumenten und Geräten Bernd Müller e.K. (2018). *Der Chirurgieführer 2018. Surgical Guide.* Tuttlingen.

[BBB16] Bauer, D.; Borchers, K.; Burkert, T.; Ciric, D.; Cooper, F.; Ensthaler, J.; Gaub, H.; Gittel, H. J.; Grimm, T.; Hillebrecht, M.; Kluger, P. J.; Klöden, B.; Kochan, D.; Kolb, T.; Löber, L.; Lenz, J.; Marquardt, E.; Munsch, M.; Müller, A. K.; Müller-Lohmeier, K.; Müller-ter Jung, M.; Schaeflein, F.; Seidel, C.; Schwandt, H.; van de Vrie, R.; Witt, G.; Zäh, M. (2016). *Handlungsfelder Additive Fertigungsverfahren.* Düsseldorf. Verein Deutscher Ingenieure.

[Ben07] Benninghaus, H. (2007). *Deskriptive Statistik. Eine Einführung für Sozialwissenschaftler.* Wiesbaden. VS Verlag für Sozialwissenschaften | GWV Fachverlage GmbH Wiesbaden.

[BF09] Baur, N.; Florian, M. J. (2009). *Stichprobenprobleme bei Online-Umfragen.* In (Jackob, N.; Schoen, H.; Zerback, T. Hrsg.): Sozialforschung im Internet. Methodologie und Praxis der Online-Befragung, Wiesbaden. VS Verlag für Sozialwissenschaften; S. 109–128.

J. Ilg, *Systematische Eignungsanalyse zum Einsatz additiver Fertigungsverfahren*,
BestMasters, https://doi.org/10.1007/978-3-658-24631-0

[BJ11] Bohnet-Joschko, S.; Jandeck, L. M. (2011). *Erfolg durch Innovation: Das Innovationsmanagement der deutschen Medizintechnikhersteller. Ergebnisse einer Untersuchung zur Unternehmensstruktur, zum Innovations- und Kooperationsverhalten sowie zu Innovationshürden in der Medizintechnik.* Witten und Berlin.

[BMB13] BMBF - Bundesministerium für Bildung und Forschung. (2013). *Zukunftsbild „Industrie 4.0“*. Online verfügbar unter https://www.bmbf.de/pub/Zukunftsbild_Industrie_4.0.pdf, zuletzt geprüft am 26. Juni 2018.

[Bos17] Boston Consulting Group - BCG. (2017). *Medtech May Be Emergin Markets` Next New Thing. Global Challengers Series*. Online verfügbar unter https://www.bcg.com/publications/2017/globalization-medical-devices-technology-medtech-may-be-emerging-markets-next-new-thing.aspx, zuletzt geprüft am 24. April 2018.

[Bur93] Burns, M. (1993). *Automated fabrication. Improving productivity in manufacturing.* Englewood Cliffs, N.J. PTR Prenrice Hall.

[BVM17a] BVMed. (2017). *Weltweiter Umsatz der deutschen Industrie für Medizintechnik in den Jahren 2003 bis 2017 (in Milliarden Euro)*. Online verfügbar unter https://de.statista.com/statistik/daten/studie/37265/umfrage/umsatz-der-deutschen-industrie-fuer-medizintechnik/., zuletzt geprüft am 22. April 2018.

[BVM17b] BVMed. (2017). *Umsatz der deutschen Industrie für Medizintechnik im Ausland von 2003 bis 2017 (in Milliarden*

Euro). Online verfügbar unter https://de.statista.com/statistik/daten/studie/30717/umfrage/deutsche-medizintechnik-industrie-umsatz-im-ausland/, zuletzt geprüft am 22. April 2018.

[BVM17c] BVMed. (2017). *Umsatz der deutschen Industrie für Medizintechnik im Inland in den Jahren 2003 bis 2017 (in Milliarden Euro)*. Online verfügbar unter https://de.statista.com/statistik/daten/studie/30711/umfrage/deutsche-medizintechnik-industrie-umsatz-im-inland/, zuletzt geprüft am 22. April 2018.

[BVM18] BVMed – Bundesverband Medizintechnologie e. V. (2018). *BVMed-Jahresbericht 2017/18*. Berlin.

[DIN16] DIN Deutsches Institut für Normung e.V. (2016). *Medizinprodukte - Qualitätsmanagementsysteme. Anforderungen für regulatorische Zwecke (ISO 13485:2016)*. Berlin. Beuth Verlag.

[DM18] Deradjat, D.; Minshall, T. (2018). *Decision trees for implementing rapid manufacturing for mass customisation. In* CIRP Journal of Manufacturing Science and Technology.

[Eur03] Europäische Kommission. (2003). *EMPFEHLUNG DER KOMMISSION vom 6. Mai 2003 betreffend die Definition der Kleinstunternehmen sowie der kleinen und mittleren Unternehmen. 2003/361/EG.*

[Eur17] Europäisches Patentamt. (2017). *Annual Report 2017 - European patent applications*. Online verfügbar unter http://documents.epo.org/projects/babylon/epo-net.nsf/0/B01321A30990659DC1258248002D2251/$File/european_patent_applications_en.pdf, zuletzt geprüft am 23.04.2018.

[EUR93] Rat der europäischen Gemeinschaften. (1993). *RICHTLINIE 93/42/EWG DES RATES vom 14. Juni 1993 über Medizinprodukte.*

[Eva17] Evaluate Ltd. (2017). *EvaluateMedTech. World Preview 2017, Outlook to 2022.* London.

[Fas14] Fastermann, P. (2014). *3D-Drucken. Wie die generative Fertigungstechnik funktioniert.* Berlin. Springer Vieweg.

[FG17] Feldmann, C.; Gorj, A. (2017). *3D-Druck und Lean Production. Schlanke Produktionssysteme mit additiver Fertigung.* Wiesbaden. Springer Fachmedien Wiesbaden.

[FP16] Feldmann, C.; Pumpe, A. (2016). *3D-Druck – Verfahrensauswahl und Wirtschaftlichkeit. Entscheidungsunterstützung für Unternehmen.* Wiesbaden. Springer Gabler.

[Ful16] Fulga, S. (2016). *Qualität 4.0 für die additive Fertigung der Zukunft. Intelligente Qualitätssicherung und Optimierung.* Online verfügbar unter http://publica.fraunhofer.de/e-prints/urn_nbn_de_0011-n-3996821.pdf, zuletzt geprüft am 17.06.2018.

[Geb13] Gebhardt, A. (2013). *Generative Fertigungsverfahren. Additive Manufacturing und 3D Drucken für Prototyping ; Tooling ; Produktion.* s.l. Carl Hanser Fachbuchverlag.

[GKT16] Gebhardt, A.; Kessler, J.; Thurn, L. (2016). *3D-Drucken. Grundlagen und Anwendungen des Additive Manufacturing (AM)*. München. Hanser.

[Gro13] Gross, D. (2013). *Obama's speech highlights rise of 3-D printing*. Online verfügbar unter https://edition.cnn.com/2013/02/13/tech/innovation/obama-3d-printing/index.html?no-st=9999999999, zuletzt geprüft am 17.06.2018.

[Gru15] Grund, M. (2015). *Implementierung von schichtadditiven Fertigungsverfahren. Mit Fallbeispielen aus der Luftfahrtindustrie und Medizintechnik*. Berlin. Springer Vieweg.

[Hag15] Hagl, R. (2015). *Das 3D-Druck-Kompendium. Leitfaden für Unternehmer, Berater und Innovationstreiber*. Wiesbaden. Springer Gabler.

[Hor15] Horsch, J. (2015). *Kostenrechnung. Klassische und neue Methoden in der Unternehmenspraxis*. Wiesbaden. Springer Gabler.

[ILG18] ILG Medizintechnik GmbH. (2018). *Technische Zeichnung des Rod Rockers. Firmeninterne Dokumentation*. Durchhausen.

[Klo15] Klocke, F. (2015). *Fertigungsverfahren 5. Gießen, Pulvermetallurgie, Additive Manufacturing*. Berlin, Heidelberg. Springer Vieweg.

[Kor07] Kornmeier, M. (2007). *Wissenschaftstheorie und wissenschaftliches Arbeiten. Eine Einführung für Wirtschaftswissenschaftler.* Heidelberg. Physica-Verlag Heidelberg.

[KP16] Klemp, E.; Pottebaum, J. (2016). *Additive Fertigungsverfahren im Kontext von Industrie 4.0.* In (Vogel-Heuser, B.; Bauernhansl, T.; Hompel, M. ten Hrsg.): Handbuch Industrie 4.0, Berlin, Heidelberg. Springer Berlin Heidelberg; S. 1–21.

[LGK14] Lucke, D.; Görzig, D.; Kacir, M.; Volkmann, J.; Haist, C.; Sachsenmaier, M.; Rentschler, H. (2014). *STRUKTURSTUDIE „INDUSTRIE 4.0 FÜR BADEN-WÜRTTEMBERG". Baden-Württemberg auf dem Weg zu Industrie 4.0.* Online verfügbar unter https://www.baden-wuerttemberg.de/fileadmin/redaktion/m-wm/intern/Dateien_Downloads/Innovation/IPA_Strukturstudie_Industrie_4.0_BW.pdf, zuletzt geprüft am 26.06.2018.

[LLF16] Lachmayer, R.; Lippert, R.B.; Fahlbusch, T. Hrsg. (2016). *3D-Druck beleuchtet. Additive Manufacturing auf dem Weg in die Anwendung.* Berlin, Heidelberg. Springer Vieweg.

[LMP12] Lelgemann, M.; Most-Ehrlein, S.; Pazhur, R. J. (2012). *Medizinprodukte im Krankenhaus.* In (Friedrich, J. et al. Hrsg.): Krankenhaus-Report 2013. Mengendynamik: Mehr Menge, mehr Nutzen? - Mit Online-Zugang zum Internetportal: www.krankenhaus-report-online.de, Stuttgart. Schattauer GmbH; S. 281–296.

[McK16] McKinsey & Company. (2016). *Automotive revolution - perspective towards 2030. How the convergence of disruptive technology-driven trends could transform the auto industry.*

[Med06] Medtronic. (2006). *CD HORIZON LEGACY Spinal System. With Vertebral Column Manipulation (VCM) Instrument Set Advanced Deformity Correction Surgical Technique*. Online verfügbar unter https://www.rch.org.au/uploadedfiles/main/content/ortho/medtronic-cd_horizonadvanceddeformityst.pdf, zuletzt geprüft am 25.06.2018.

[Med15] MedicalMountains AG. (2015). *Medical Technology in Baden-Württemberg. Manufacturer I OE-Manufacturer I Supplier I Dealer I Service provider*. Online verfügbar unter https://medicalmountains.de/dienstleistungen/vermarktung/medizintechnikatlas/, zuletzt geprüft am 03.06.2018.

[Med17] MedicalMountains AG. (2017). *Branchenreport 2017*. Tuttlingen.

[MHZ14] Mellor, S.; Hao, L.; Zhang, D. (2014). *Additive manufacturing: A framework for implementation. In* International Journal of Production Economics, 149; S. 194–201.

[MPG17] Bundesrepublik Deutschland. (2017). *Gesetz über Medizinprodukte (Medizinproduktegesetz - MPG). MPG.*

[Pog15] Poggensee, K. (2015). *Investitionsrechnung. Grundlagen - Aufgaben - Lösungen.* Wiesbaden. Springer Gabler.

[Pöt09] Pötschke, M. (2009). *Potentiale von Online-Befragungen: Erfahrungen aus der Hochschulforschung*. In (Jackob, N.;

Schoen, H.; Zerback, T. Hrsg.): Sozialforschung im Internet. Methodologie und Praxis der Online-Befragung, Wiesbaden. VS Verlag für Sozialwissenschaften; S. 75–89.

[PwC18] PwC Strategy& (Germany) GmbH. (2018). *Strategy&-Analyse 3D-Druck: Marktvolumen für gedruckte Produkte steigt bis 2030 auf 22,6 Milliarden Euro*. Online verfügbar unter https://www.strategyand.pwc.com/de/pressemitteilungen/3d-druck, zuletzt geprüft am 17.06.2018.

[Rai08] Raithel, J. (2008). *Quantitative Forschung. Ein Praxiskurs.* Wiesbaden. VS Verlag für Sozialwissenschaften / GWV Fachverlage GmbH Wiesbaden.

[Ric17] Richardot, A. (2017). *The 3D printing Hype Cycle by Gartner: What does the 2017 edition say?* Online verfügbar unter https://www.sculpteo.com/blog/2017/08/01/the-3d-printing-hype-cycle-by-gartner-what-does-the-2017-edition-say, zuletzt geprüft am 29.06.2018.

[Rot16] Roth, A. Hrsg. (2016). *Einführung und Umsetzung von Industrie 4.0. Grundlagen, Vorgehensmodell und Use Cases aus der Praxis.* Berlin, Heidelberg. Springer Gabler.

[Scu18] Sculpteo. (2018). *The state of 3D PRINTING. The data you need to understand the 3D Printing world and build your 3D Printing strategy*. Online verfügbar unter https://www.sculpteo.com/en/get/report/state_of_3D_printing_2018/, zuletzt geprüft am 18.06.2018.

[SKC17] Schebek, L.; Kannengießer, J.; Campitelli, A.; Fischer, J.; Abele, E.; Bauerdick, C.; Anderl, R.; Haag, S.; Sauer, A.;

Mandel, J.; Lucke, D.; Bogdanov, I.; Nufer, A.-K.; Steinhilper, R.; Böhner, J.; Lothes, G.; Schock, C.; Zühlke, D.; Plociennik, C.; Bergweiler, S. (2017). *Ressourceneffizienz durch Industrie 4.0. Potenziale für KMU des verarbeitenden Gewerbes*. Online verfügbar unter https://www.ressource-deutschland.de/fileadmin/Redaktion/Bilder/Newsroom/Studie_Ressourceneffizienz_durch_Industrie_4.0.pdf, zuletzt geprüft am 26.06.2018.

[Spe17a] Spectaris. (2017). *Anzahl der Betriebe für Medizintechnik in Deutschland in den Jahren 2006 bis 2016*. Online verfügbar unter https://de.statista.com/statistik/daten/studie/166022/umfrage/medizintechnik-industrie-anzahl-der-betriebe-seit-2006/, zuletzt geprüft am 22. April 2018.

[Spe17b] Spectaris. (2017). *Die deutsche Medizintechnik-Industrie. SPECTARIS Jahrbuch 2017.*

[Spe17c] Spectaris. (2017). *Anzahl der Beschäftigten in der Branche Medizintechnik in Deutschland in den Jahren 2004 bis 2016 (in 1.000)*. Online verfügbar unter https://de.statista.com/statistik/daten/studie/30062/umfrage/medizintechnik-beschaeftigte-in-deutschland-seit-2004, zuletzt geprüft am 22. April 2018.

[Squ18] Squadhouse-Media. (2018). *Medizintechnik Unternehmen aus der Region Tuttlingen*. Online verfügbar unter https://www.weltzentrum-der-medizintechnik.de/overview/1/, zuletzt geprüft am 03.06.2018.

[Str18] Stryker. (2018). *Stryker Spiral Radius 90D Implant*. Online verfügbar unter http://www.stryker.com/latm/products/Spine/Thoracolumbar/SpiralRadius90D/groups/public/documents/web_prod/da_035081.jpg , zuletzt geprüft am 25.06.2018.

[TW08] Tobin, J. J.; Walsh, G. (2008). *Medical Product Regulatory Affairs. Pharmaceuticals, Diagnostics, Medical Devices.* Hoboken. Wiley-VCH.

[Übe17] Übel, M. von. (2017). *Der große Leitfaden zu 3D-Drucker-Materialien*. Online verfügbar unter https://all3dp.com/de/1/3d-drucker-material-3d-druck-materialen/, zuletzt geprüft am 18.06.2018.

[VDI14] Verein Deutscher Ingenieure. (2014). *VDI-Richtlinie 3405 - Additive Fertigungsverfahren. Grundlagen, Begriffe, Verfahrensbeschreibung.* Düsseldorf.

[WC17] Wohlers, T.; Campbell, R. I. (2017). *Wohlers report 2017. 3D printing and additive manufacturing state of the industry annual worldwide progress report.* Fort Collins, Colo. Wohlers Associates, Inc.

[WCC16] Wohlers, T. T.; Campbell, R. I.; Caffrey, T. (2016). *Wohlers report 2016. 3D printing and additive manufacturing state of the industry annual worldwide progress report.* Fort Collins, Colo. Wohlers Associates.

[Wil15] Wille, E. (2015). *Zulassung und Erstattung von Medizinprodukten. Status quo und Reformoptionen.* In (Höfel, F. Hrsg.): Versorgungsforschung. Einsichten, Beispiele und

Akteure, s.l. Schattauer GmbH Verlag für Medizin und Naturwissenschaften; S. 39–45.

[Zäh13] Zäh, M.F. Hrsg. (2013). *Wirtschaftliche Fertigung mit Rapid-Technologien. Anwender-Leitfaden zur Auswahl geeigneter Verfahren.* München. Hanser.

[Zip16] Zippel, C. (2016). *Die Bedeutung von Post Market-Management in der Medizintechnik. Dissertation.* Witten. Springer Fachmedien Wiesbaden GmbH.

Anhang

A Online-Fragebogen zur quantitativen Befragung

100%

Herzlich Willkommen zur **Umfrage zu additiven Fertigungsverfahren/3D-Druck in der Medizintechnik!**

Im Rahmen meiner Masterthesis an der Hochschule Reutlingen führe ich eine bundesweite Studie zu der Nutzung von additiven Fertigungsverfahren, welche auch unter dem allgemeinen Begriff 3D-Druck bekannt sind, bei deutschen Medizintechnikunternehmen durch.

Für die Beantwortung der Fragen benötigen Sie im Durchschnitt **ca. 10-15 Minuten**.

Als Dankeschön sende ich jedem Teilnehmer, der den Fragebogen vollständig ausfüllt, nach Abschluss der Studie eine Zusammenstellung der Ergebnisse zu, die Sie für Ihre interne Verwendung nutzen können. Damit bekommen Sie einen Eindruck über den aktuellen Stand der Technologie und können Ihr Unternehmen mit dem Branchenschnitt vergleichen. Dafür geben Sie bitte am Ende der Befragung eine E-Mail-Adresse an, an diese die Ergebnisse gesendet werden sollen.

Vielen Dank für Ihre Unterstützung!

Julian Ilg
Masterstudiengang Operations Management
Hochschule Reutlingen

Haben Sie Fragen zur Studie?
Tel.: 0176 43414662
Julian.Ilg@Student.Reutlingen-University.de

J. Ilg, *Systematische Eignungsanalyse zum Einsatz additiver Fertigungsverfahren*, BestMasters, https://doi.org/10.1007/978-3-658-24631-0

Anonymität und Datenschutz

Ich sichere Ihnen einen absolut vertraulichen und sorgsamen Umgang mit den erhaltenen Daten zu. Diese werden anonym behandelt und **nur zu wissenschaftlichen Zwecken** im Rahmen des Forschungsvorhabens verwendet.

Die anonymisierte Auswertung der Daten erfolgt auf einem aggregierten Niveau, sodass **keine Rückschlüsse auf einzelne Teilnehmer** gezogen werden können. Ich bitte Sie daher, nach bestem Wissen auf die Fragen zu antworten.

Wie hoch war der Jahresumsatz Ihres Unternehmens mit Medizinprodukten im Geschäftsjahr 2017?

0 bis 2 Mio. EUR	2 bis 10 Mio. EUR	10 bis 50 Mio. EUR	Mehr als 50 Mio. EUR	Keine Angabe

Wie hoch war die Bilanzsumme Ihres Unternehmens mit Medizinprodukten im Geschäftsjahr 2017?

0 bis 2 Mio. EUR	2 bis 10 Mio. EUR	10 bis 50 Mio. EUR	Mehr als 50 Mio. EUR	Keine Angabe

Wie viele Mitarbeiter waren im Geschäftsjahr 2017 im Medizinprodukte-Bereich Ihres Unternehmens beschäftigt (umgerechnet auf Vollzeitbasis)?

<= 10	10 bis 49	50 bis 249	>=250	Keine Angabe

In welcher Region befindet sich der Hauptsitz Ihres Unternehmens?

Baden-Württemberg (exkl. Region Tuttlingen)	Niedersachsen
Region Tuttlingen (Weltzentrum der Medizintechnik)	Nordrhein-Westfalen
Bayern	Rheinland-Pfalz
Berlin	Saarland
Brandenburg	Sachsen
Bremen	Sachsen-Anhalt
Hamburg	Schleswig-Holstein
Hessen	Thüringen
Mecklenburg-Vorpommern	Keine Angabe

In welche Gebiete verkauft Ihr Unternehmen die gefertigten Medizinprodukte (Mehrfachauswahl möglich)?

Deutschland	Europa	USA	Asien	Sonstige	Keine Angabe

Medizinprodukte welcher Risikoklassen stellt Ihr Unternehmen her (Mehrfachauswahl möglich)?

Klasse I	Klasse IIa	Klasse IIb	Klasse III	Keine Angabe

Welche Gruppen von Medizinprodukte stellt Ihr Unternehmen her (Mehrfachauswahl möglich)?

Bildgebende Systeme	Endoskope	Sonstige Klinikausstattung
Chirurgische Instrumente	Implantate/Implantatsysteme	Sonstige OP-Ausstattung
Containersysteme	Medizinische IT/Software	Stents/Kathetersysteme
Einmalartikel	Medizinische Leuchten	Sonstiges
Elektromedizinische Geräte	Pflege-/Hygiene-/Bedarfsartikel	Keine Angabe

Um welchen Fertigungstyp handelt es sich bei Ihrem Unternehmen (Mehrfachauswahl möglich)?

Einzelfertigung	Serienfertigung	Sortenfertigung	Massenfertigung	Keine Angabe

Wie schätzen Sie Ihre persönlichen Kenntnisse im Bereich additive Fertigungsverfahren/3D-Druck ein?

Überhaupt nicht gut	Nicht besonders gut	Ganz gut	Sehr gut	Hervorragend	Keine Angabe

Wie schätzen Sie die Kenntnisse Ihres Unternehmens im Bereich additive Fertigungsverfahren/3D-Druck ein?

Überhaupt nicht gut	Nicht besonders gut	Ganz gut	Sehr gut	Hervorragend	Keine Angabe

Welche Rolle spielen additive Fertigungsverfahren in Ihrer Produktion heute?

Keine Rolle	Geringe Rolle	Etabliertes Verfahren	Herausragende Rolle	Schlüsseltechnologie	Keine Angabe

Welche Rolle spielen additive Fertigungsverfahren in Ihrer Produktion in den nächsten zehn Jahren?

Keine Rolle	Geringe Rolle	Etabliertes Verfahren	Herausragende Rolle	Schlüsseltechnologie	Keine Angabe

Hat Ihr Unternehmen bereits Erfahrung mit der Herstellung von Medizinprodukten mittels additiven Fertigungsverfahren/3D-Druck?

Nein	Ja, wir fertigen bereits Prototypen	Ja wir fertigen bereits Endprodukte in Kleinserie	Ja, wir fertigen bereits Endprodukte in Serie	Keine Angabe

Planen Sie den Einsatz von additiven Fertigungsverfahren/3D-Druck in Ihrer Produktion?

Nein	Ja, in diesem Jahr	Ja, in den nächsten 3 Jahren	Ja, in den nächsten 5 Jahren	Ja, in den nächsten 10 Jahren	Keine Angabe

Bei Medizinprodukte aus welchem Bereich können Sie sich den Einsatz mittels additiven Fertigungsverfahren/3D-Druck in Ihrem Unternehmen vorstellen (Mehrfachauswahl möglich)?

Bildgebende Systeme	Endoskope	Sonstige Klinikausstattung
Chirurgische Instrumente	Implantate/Implantatsysteme	Sonstige OP-Ausstattung
Containersysteme	Medizinische IT/Software	Stents/Kathetersysteme
Einmalartikel	Medizinische Leuchten	Sonstiges
Elektromedizinische Geräte	Pflege-/Hygiene-/Bedarfsartikel	Keine Angabe

Bei Medizinprodukte aus welcher Risikoklassen können Sie sich den Einsatz mittels additiver Fertigungsverfahren/3D-Druck in Ihrem Unternehmen vorstellen (Mehrfachauswahl möglich)?

Klasse I	Klasse IIa	Klasse IIb	Klasse III	Keine Angabe

Welche Materialien würde Ihr Unternehmen zur additiven Fertigung/3D-Druck nutzen (Mehrfachauswahl möglich)?

Metalle	Kunststoffe	Keramik	Harze	Wachs	Sonstige	Keine Angabe

Welche additiven Fertigungsverfahren würde Ihr Unternehmen zur Herstellung der Medizinprodukte nutzen (Mehrfachauswahl möglich)?

3D-Drucken (3DP)	Multi-Jet Modelling (MJM)	Stereolithographie (STL, SLA)
Digital Light Processing (DLP)	Poly-Jet Modelling (PJM)	Sonstige
Elektronenstrahlschmelzen (EBM)	Selektives Laserschmelzen (SLM)	Damit haben wir uns noch nicht auseinandergesetzt
Fused Deposition Modeling (FDM, FFF)	Selektives Lasersintern (SLS)	Keine Angabe
Layer Laminated Manufacturing (LLM)		

Medizinprodukte aus welchem Bereich werden von Ihnen mittels additiven Fertigungsverfahren/3D-Druck hergestellt (Mehrfachauswahl möglich)?

Bildgebende Systeme	Endoskope	Sonstige Klinikausstattung
Chirurgische Instrumente	Implantate/Implantatsysteme	Sonstige OP-Ausstattung
Containersysteme	Medizinische IT/Software	Stents/Kathetersysteme
Einmalartikel	Medizinische Leuchten	Sonstiges
Elektromedizinische Geräte	Pflege-/Hygiene-/Bedarfsartikel	Keine Angabe

Medizinprodukte welcher Risikoklassen stellt Ihr Unternehmen mittels additiver Fertigungsverfahren/3D-Druck her (Mehrfachauswahl möglich)?

Klasse I	Klasse IIa	Klasse IIb	Klasse III	Keine Angabe

Welche Materialien nutzt Ihr Unternehmen zur additiven Fertigung/3D-Druck (Mehrfachauswahl möglich)?

Metalle	Kunststoffe	Keramik	Harze	Sonstige	Keine Angabe

Welche additiven Fertigungsverfahren nutzt Ihr Unternehmen zur Herstellung der Medizinprodukte (Mehrfachauswahl möglich)?

3D-Drucken (3DP)	Layer Laminated Manufacturing (LLM)	Selektives Lasersintern (SLS)
Digital Light Processing (DLP)	Multi-Jet Modelling (MJM)	Stereolithographie (STL, SLA)
Elektronenstrahlschmelzen (EBM)	Poly-Jet Modelling (PJM)	Sonstige
Fused Deposition Modeling (FDM, FFF)	Selektives Laserschmelzen (SLM)	Keine Angabe

Bitte bewerten Sie die folgenden Potentiale durch additive Fertigungsverfahren/3D-Druck für Ihr Unternehmen von 0 (sehr gering) bis 5 (sehr hoch).

Prozess

	0	1	2	3	4	5
Fertigung mit Losgröße 1	○	○	○	○	○	○
Verfügbarkeitssteigerung durch Losgröße 1	○	○	○	○	○	○
Reduzierung von Fertigungskosten	○	○	○	○	○	○
Reduzierung der Werkzeugkosten durch werkzeuglose Fertigung	○	○	○	○	○	○
Reduzierung von Rüstzeiten durch werkzeuglose Fertigung	○	○	○	○	○	○
Reduzierung der Entwicklungszeit/Entwicklungskosten	○	○	○	○	○	○
Reduzierung von Materialkosten	○	○	○	○	○	○
Reduzierung von Arbeitsschritten	○	○	○	○	○	○
Ressourceneffiziente Produktion durch Wiederverwendung des Ausgangsmaterials	○	○	○	○	○	○
Risikoverlagerung durch maschinenungebundene Fertigung	○	○	○	○	○	○
Reduzierung der Logistikkosten durch Fertigung an entfernten Stellen	○	○	○	○	○	○

Produkt

	0	1	2	3	4	5
Neue Produkte und Leistungen	◯	◯	◯	◯	◯	◯
Verbesserung bestehender Produkte und Leistungen	◯	◯	◯	◯	◯	◯
Kundenindividuelle Produkte	◯	◯	◯	◯	◯	◯
Gewichtsreduktion	◯	◯	◯	◯	◯	◯
Komplexitätsreduktion	◯	◯	◯	◯	◯	◯
Funktionsintegration	◯	◯	◯	◯	◯	◯
Gestaltungsfreiheit	◯	◯	◯	◯	◯	◯
Schnelle Design-Anpassungen	◯	◯	◯	◯	◯	◯

Unternehmen

	0	1	2	3	4	5
Sicherung bestehender Geschäftsfelder	◯	◯	◯	◯	◯	◯
Erschließung neuer Geschäftsfelder	◯	◯	◯	◯	◯	◯
Gewinn von neuen Kunden	◯	◯	◯	◯	◯	◯
Entwicklung neuer Geschäftsmodelle	◯	◯	◯	◯	◯	◯
Gewinn an KnowHow	◯	◯	◯	◯	◯	◯
Partizipation an Produktweiterentwicklungen	◯	◯	◯	◯	◯	◯

Bewerten Sie die folgenden Herausforderungen bei der Einführung additiver Fertigungsverfahren/3D-Druck in Ihrem Unternehmen von 0 (sehr gering) bis 5 (sehr hoch).

	0	1	2	3	4	5
Auswahl des geeigneten 3D-Druck Verfahrens	○	○	○	○	○	○
Identifizierung geeigneter Produkte	○	○	○	○	○	○
Werkstoffauswahl, -entwicklung, -qualifikation	○	○	○	○	○	○
Integration in die vorhandene Produktion	○	○	○	○	○	○
Organisation der neuen Arbeitsabläufe	○	○	○	○	○	○
Datenverarbeitung, Systeme und Schnittstellen	○	○	○	○	○	○
Qualitätssicherung	○	○	○	○	○	○
Mitarbeiterqualifikation und -qualifizierung	○	○	○	○	○	○
Plagiatsschutz und juristische Aspekte	○	○	○	○	○	○
Fertigungsgerechtes Produktdesign	○	○	○	○	○	○

Wie bewerten Sie die Notwendigkeit einer anwendungsorientierten und strukturierten Eignungsanalyse für additive Fertigungsverfahren/3D-Druck für Ihr Unternehmen von 0 (überhaupt nicht notwendig) bis 5 (sehr gewünscht)?

Das Ziel der Eignungsanalyse ist die Identifizierung der Produkte eines Unternehmens, für die sich der Einsatz von additiven Fertigungsverfahren/3D-Druck lohnt.
Die Eignungsanalyse besteht aus der Auswahl eines geeigneten Produktes, Materials und Verfahrens sowie aus der fertigungstechnischen, qualitativen und wirtschaftlichen Bewertung bei der Einführung von additiven Fertigungsverfahren/3D-Druck.

	0	1	2	3	4	5
Notwendigkeit einer Eignungsanalyse	○	○	○	○	○	○

Bitte bewerten Sie folgende Handlungsfelder zu additiven Fertigungsverfahren/3D Druck von 0 (sehr unwichtig) bis 5 (sehr wichtig).

	0	1	2	3	4	5
Ausbildung qualifizierter Arbeitskräfte	○	○	○	○	○	○
Erhöhung von KnowHow zur Implementierung	○	○	○	○	○	○
Vereinfachung der Auswahl von Produkten, Werkstoffen und Verfahren	○	○	○	○	○	○
Erhöhung der Materialauswahl	○	○	○	○	○	○
Hilfestellung zur wirtschaftlichen und qualitativen Analyse	○	○	○	○	○	○
Reduzierung der Anlagenkosten	○	○	○	○	○	○
Senkung der Materialkosten	○	○	○	○	○	○
Erhöhung der Anzahl an Materiallieferanten	○	○	○	○	○	○
Erhöhung der Fertigungsgeschwindigkeit	○	○	○	○	○	○
Realisierung größerer Produktabmessungen	○	○	○	○	○	○
Verbesserung der Fertigungstoleranzen/Oberflächenbeschaffenheit	○	○	○	○	○	○
Automatisierung nachgelagerter Arbeitsprozesse	○	○	○	○	○	○
Reduzierung der Nachbearbeitungsschritte	○	○	○	○	○	○
Erhöhung des Datenschutzes/Geheimhaltung	○	○	○	○	○	○

Welche Funktion haben Sie in Ihrem Unternehmen?

Vorstand/Geschäftsführung	Entwicklungsleiter/-in
Produktions-/Fertigungsleiter/-in	Entwicklungsmitarbeiter/-in
Fertigungsplaner/-in	Sonstiges
Fertigungsmitarbeiter/-in	Keine Angabe

Über wie viele Jahre Berufserfahrung verfügen Sie im Bereich der Medizintechnik?

<= 2 Jahre	<= 5 Jahre	<= 10 Jahre	>10 Jahre	Keine Angabe

Bitte nehmen Sie Stellung zu den folgenden Aussagen:

Die hier aufgeführten Fragen waren für mein Tätigkeitsfeld relevant.

trifft nicht zu	trifft eher nicht zu	trifft eher zu	trifft voll zu	keine Angabe

Ich habe Anregungen für den Einsatz von additiven Fertigungsverfahren bei der Herstellung von Medizinprodukten erhalten.

trifft nicht zu	trifft eher nicht zu	trifft eher zu	trifft voll zu	keine Angabe

Bei der Beantwortung der Fragen habe ich mich kompetent gefühlt.

trifft nicht zu	trifft eher nicht zu	trifft eher zu	trifft voll zu	keine Angabe

Vielen Dank für Ihre Unterstützung!

Wenn Sie Interesse an den Ergebnissen der Studie haben, fügen Sie bitte Ihre E-Mail-Adresse unter folgendem Link ein. Ihre **E-Mail-Adresse wird separat von Ihren Antworten gespeichert**, wodurch kein Zusammenhang hergestellt werden kann.

B Personalisiertes Anschreiben zur Teilnahme an der Online-Befragung

Additive Fertigungsverfahren/3D-Druck in der Medizintechnik

Sehr geehrter *Herr Mustermann*,

mein Name ist Julian Ilg und im Rahmen meiner Masterthesis an der Hochschule Reutlingen führe ich derzeit eine deutschlandweite Online-Umfrage zum Thema **„additive Fertigungsverfahren/3D-Druck in der Medizintechnik“** durch. Das Ziel der Umfrage ist es, den aktuellen Status Quo der 3D-Druck-Technologie in der Medizintechnik zu ermitteln.

Da die Umfrage von der Teilnahme möglichst vieler Unternehmen lebt, lade ich Sie hiermit ein, an der Umfrage teilzunehmen. Zu der Beantwortung der Fragen benötigen sie **ca. 10-15 Minuten**.

Den Fragebogen erreichen Sie unter: Hochschule Reutlingen: Additive Fertigungsverfahren/3D-Druck in der Medizintechnik

Ihre Vorteile
Als Dankeschön sende ich jedem Teilnehmer, der den Fragebogen vollständig ausfüllt, nach Abschluss der Studie eine **Zusammenstellung der Ergebnisse** zu, die Sie für Ihre interne Verwendung nutzen können.

Anonymität und Datenschutz
Die erhaltenen Daten werden anonym behandelt und **nur zu wissenschaftlichen Zwecken** im Rahmen des Forschungsvorhabens verwendet. Die anonymisierte Auswertung der Daten erfolgt auf einem aggregierten Niveau, sodass **keine Rückschlüsse auf einzelne Teilnehmer** gezogen werden können.

Bei Fragen können Sie mich gerne per Mail unter Julian.Ilg@Student.Reutlingen-University.de erreichen.

Vielen Dank für Ihre Unterstützung und Ihre Zeit!

Beste Grüße nach *Ort des Unternehmens*,

Julian Ilg
Master Operations Management
Hochschule Reutlingen

C Erinnerungs-Mail zur Teilnahme an der Online-Befragung

Erinnerung – Additive Fertigungsverfahren (3D-Druck) in der Medizintechnik

Sehr geehrter *Herr Mustermann*,

vor Kurzem habe ich Sie zu der Online-Befragung zum aktuellen Stand von **additiven Fertigungsverfahren (3D-Druck) in der Medizintechnik** eingeladen. Falls Sie bereits zu den zahlreichen Herstellern gehören, die an der Befragung teilgenommen haben: Herzlichen Dank!

Sollten Sie bisher noch nicht zur Teilnahme an der Befragung gekommen sein, können Sie diese unter folgendem Link erreichen (Dabei ist es nicht von Bedeutung, ob Ihr Unternehmen bereits 3D-Druck einsetzt oder Sie noch gar keine Berührungspunkte mit der Technologie hatten.)**:**
Hochschule Reutlingen: Additive Fertigungsverfahren/3D-Druck in der Medizintechnik

Ihre Teilnahme ist äußerst wichtig, da die Aussagefähigkeit der Ergebnisse mit der Zahl der Unternehmen steigt.

Ihre Vorteile
Als Dankeschön sende ich jedem Teilnehmer, der den Fragebogen vollständig ausfüllt, nach Abschluss der Studie eine **Zusammenstellung der Ergebnisse** zu, die Sie für Ihre interne Verwendung nutzen können.

Anonymität und Datenschutz
Die erhaltenen Daten werden anonym behandelt und **nur zu wissenschaftlichen Zwecken** im Rahmen des Forschungsvorhabens

verwendet. Die anonymisierte Auswertung der Daten erfolgt auf einem aggregierten Niveau, sodass **keine Rückschlüsse auf einzelne Teilnehmer** gezogen werden können.

Bei Fragen können Sie mich gerne per Mail unter Julian.Ilg@Student.Reutlingen-University.de erreichen.

Vielen Dank für Ihre Unterstützung und Ihre Zeit!

Beste Grüße nach *Ort des Unternehmens*,

Julian Ilg
Master Operations Management
Hochschule Reutlingen

D Detaillierte Ergebnisse der empirischen Untersuchung

1.1 - Wie hoch war der Jahresumsatz Ihres Unternehmens mit Medizinprodukten im Geschäftsjahr 2017?

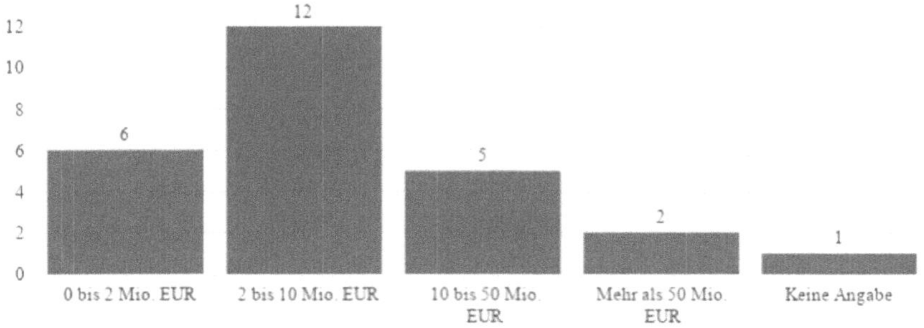

1.2 - Wie hoch war die Bilanzsumme Ihres Unternehmens mit Medizinprodukten im Geschäftsjahr 2017?

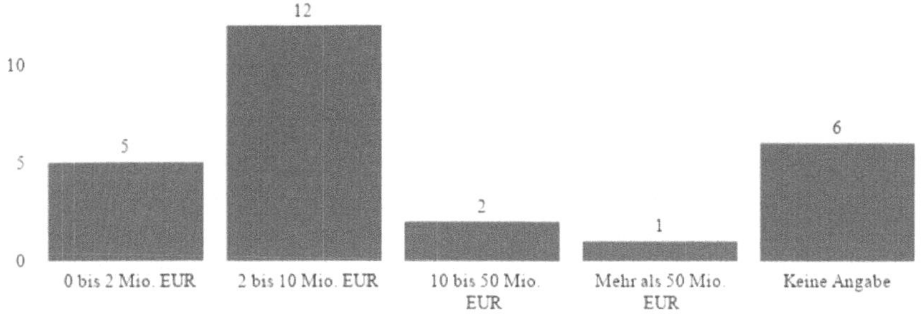

1.3 - Wie viele Mitarbeiter waren im Geschäftsjahr 2017 im Medizinprodukte-Bereich Ihres Unternehmens beschäftigt (umgerechnet auf Vollzeitbasis)?

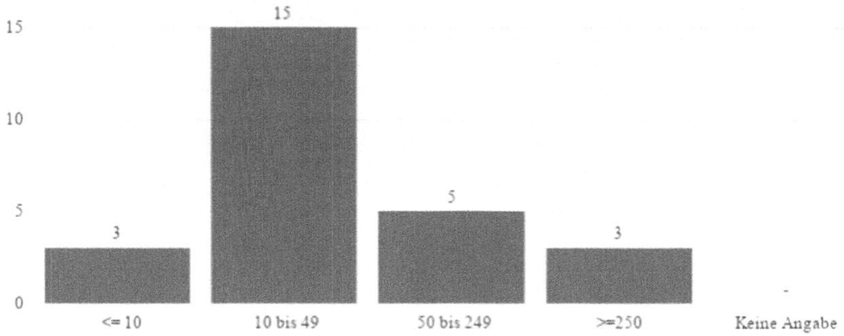

1.4 - In welcher Region befindet sich der Hauptsitz Ihres Unternehmens?

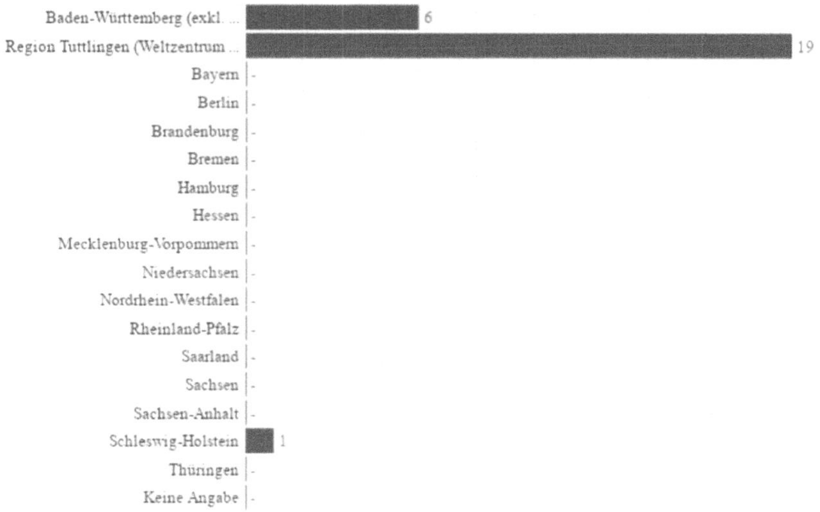

1.5 - In welche Gebiete verkauft Ihr Unternehmen die gefertigten Medizinprodukte (Mehrfachauswahl möglich)?

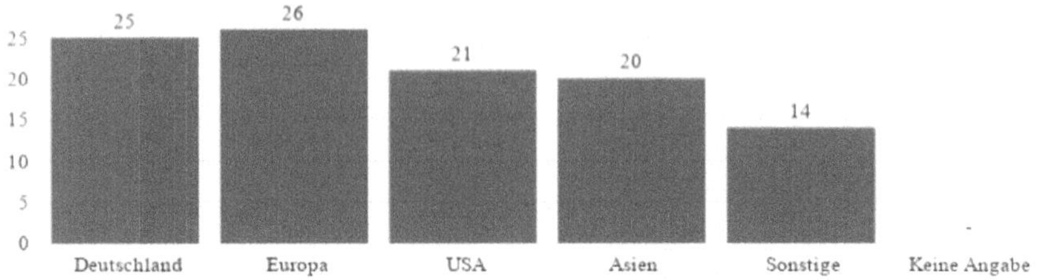

1.6 - Medizinprodukte welcher Risikoklassen stellt Ihr Unternehmen her (Mehrfachauswahl möglich)?

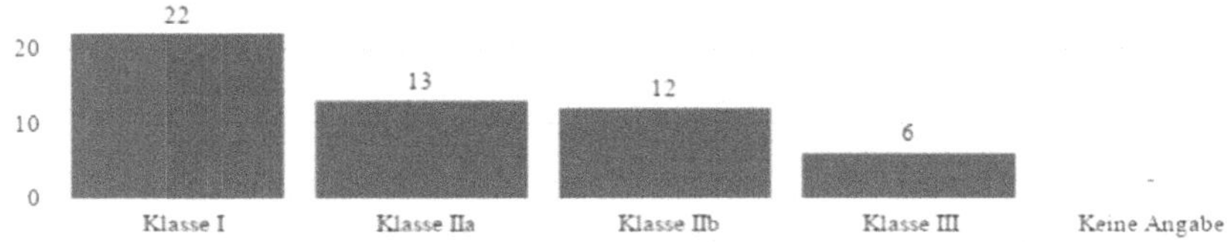

1.7 - Welche Gruppen von Medizinprodukte stellt Ihr Unternehmen her (Mehrfachauswahl möglich)?

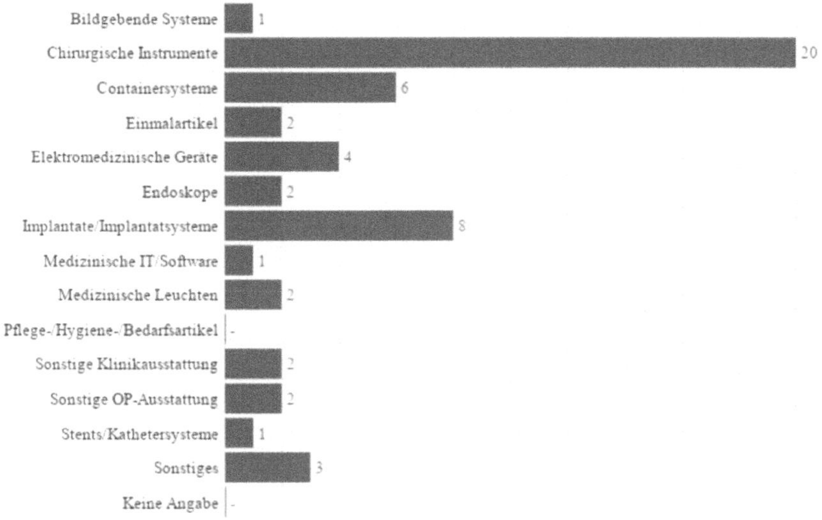

1.8 - Um welchen Fertigungstyp handelt es sich bei Ihrem Unternehmen (Mehrfachauswahl möglich)?

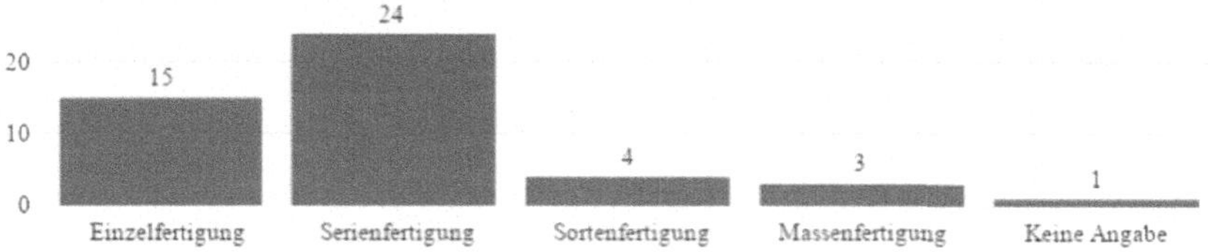

2.1 - Wie schätzen Sie Ihre persönlichen Kenntnisse im Bereich additive Fertigungsverfahren/3D-Druck ein?

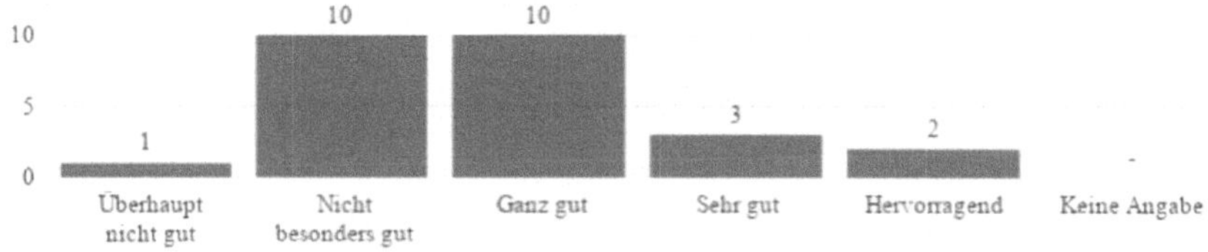

2.2 - Wie schätzen Sie die Kenntnisse Ihres Unternehmens im Bereich additive Fertigungsverfahren/3D-Druck ein?

2.3 - Welche Rolle spielen additive Fertigungsverfahren in Ihrer Produktion heute?

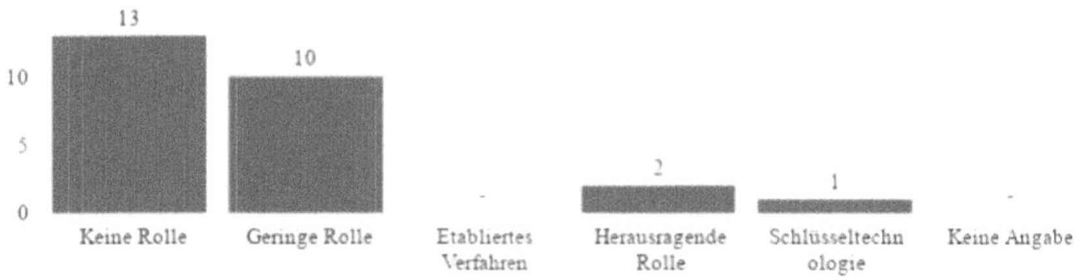

2.4 - Welche Rolle spielen additive Fertigungsverfahren in Ihrer Produktion in den nächsten zehn Jahren?

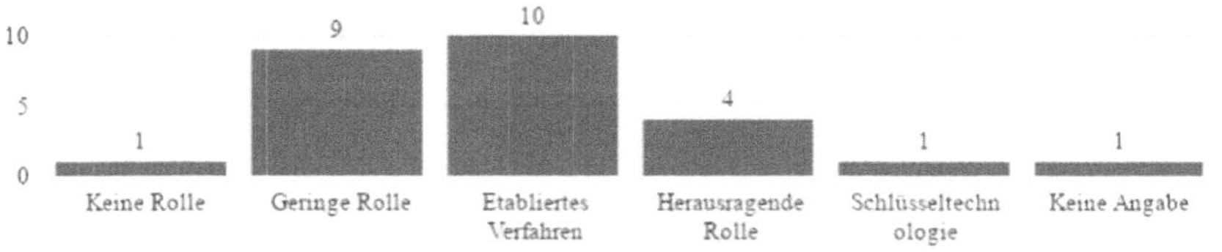

2.5 - Hat Ihr Unternehmen bereits Erfahrung mit der Herstellung von Medizinprodukten mittels additiven Fertigungsverfahren/3D-Druck?

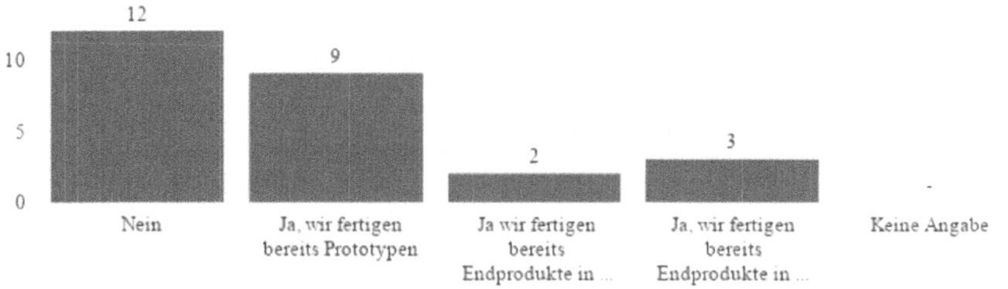

Falls Frage 2.5 mit "Ja" beantwortet wurde, sind den Teilnehmenden folgende Fragen 2.6 bis 2.9 angezeigt worden:

2.6 - Medizinprodukte aus welchem Bereich werden von Ihnen mittels additiven Fertigungsverfahren/3D-Druck hergestellt (Mehrfachauswahl möglich)?

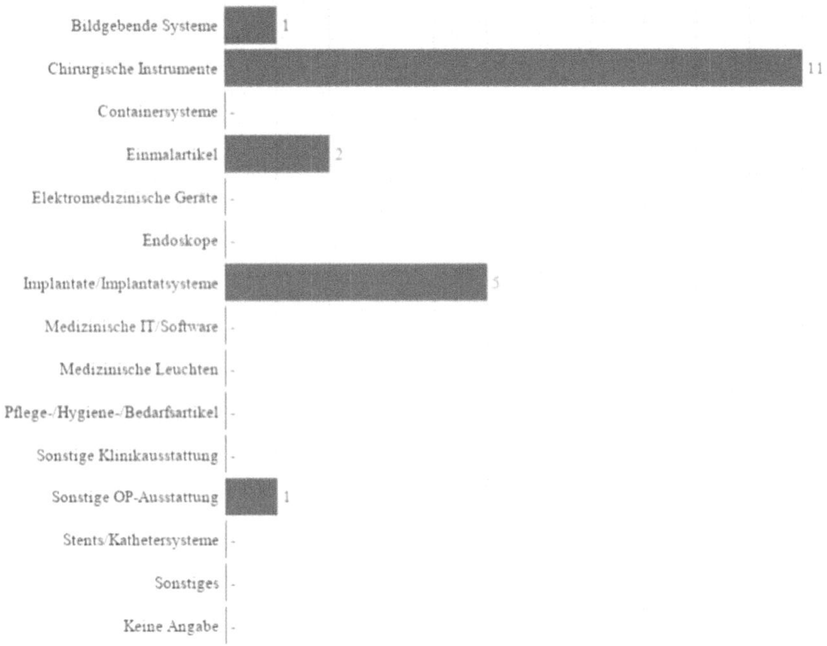

2.7 - Medizinprodukte welcher Risikoklassen stellt Ihr Unternehmen mittels additiver Fertigungsverfahren/3D-Druck her (Mehrfachauswahl möglich)?

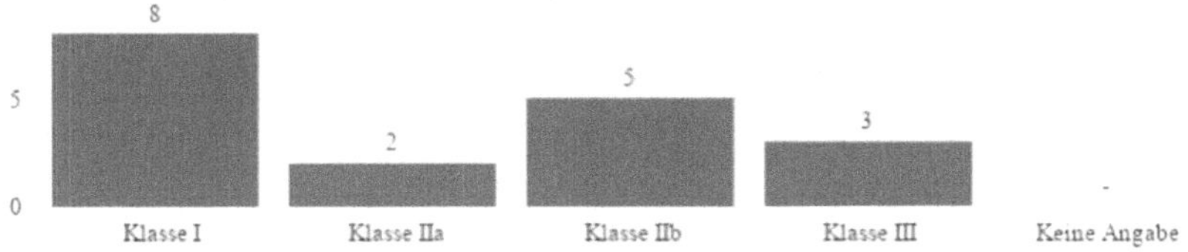

2.8 - Welche Materialien nutzt Ihr Unternehmen zur additiven Fertigung/3D-Druck (Mehrfachauswahl möglich)?

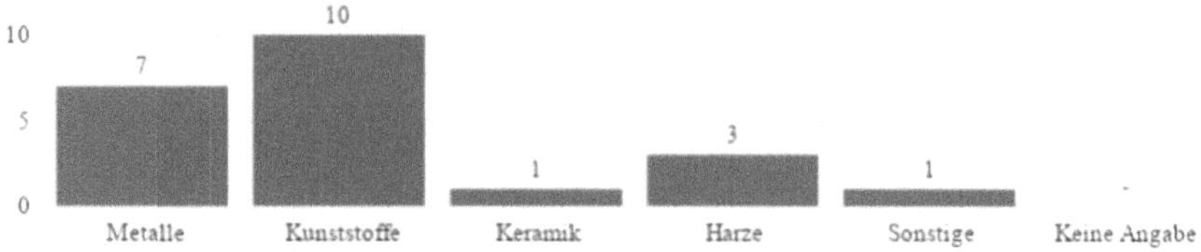

2.9 - Welche additiven Fertigungsverfahren nutzt Ihr Unternehmen zur Herstellung der Medizinprodukte (Mehrfachauswahl möglich)?

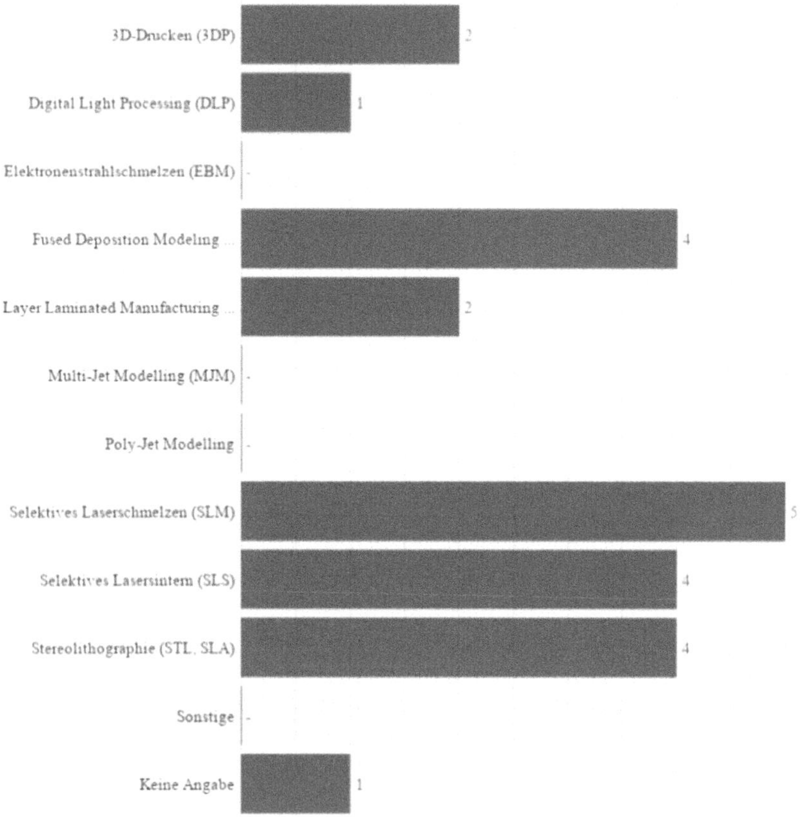

Falls Frage 2.5 mit "Nein" beantwortet wurde, sind den Teilnehmenden folgende Fragen 2.6 bis 2.10 angezeigt worden:

2.6 - Planen Sie den Einsatz von additiven Fertigungsverfahren/3D-Druck in Ihrer Produktion?

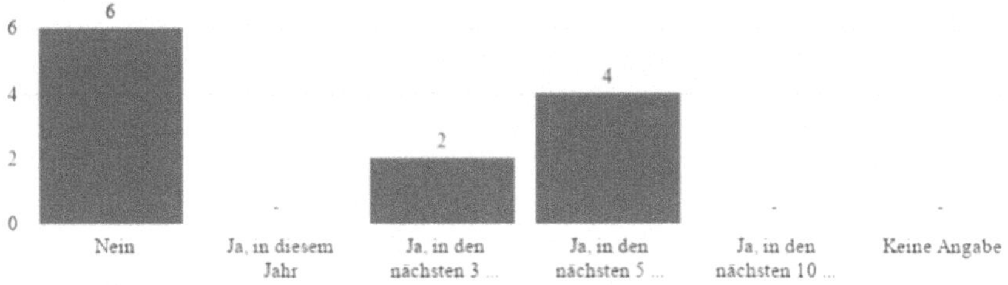

2.7 - Bei Medizinprodukte aus welchem Bereich können Sie sich den Einsatz mittels additiven Fertigungsverfahren/3D-Druck in Ihrem Unternehmen vorstellen (Mehrfachauswahl möglich)?

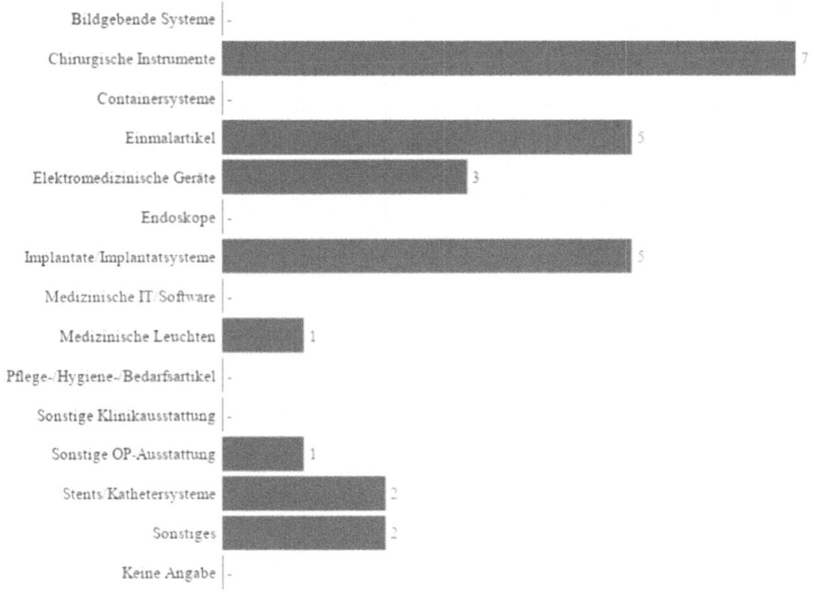

2.8 - Bei Medizinprodukte aus welcher Risikoklassen können Sie sich den Einsatz mittels additiver Fertigungsverfahren/3D-Druck in Ihrem Unternehmen vorstellen (Mehrfachauswahl möglich)?

2.9 - Welche Materialien würde Ihr Unternehmen zur additiven Fertigung/3D-Druck nutzen (Mehrfachauswahl möglich)?

2.10 - Welche additiven Fertigungsverfahren würde Ihr Unternehmen zur Herstellung der Medizinprodukte nutzen (Mehrfachauswahl möglich)?

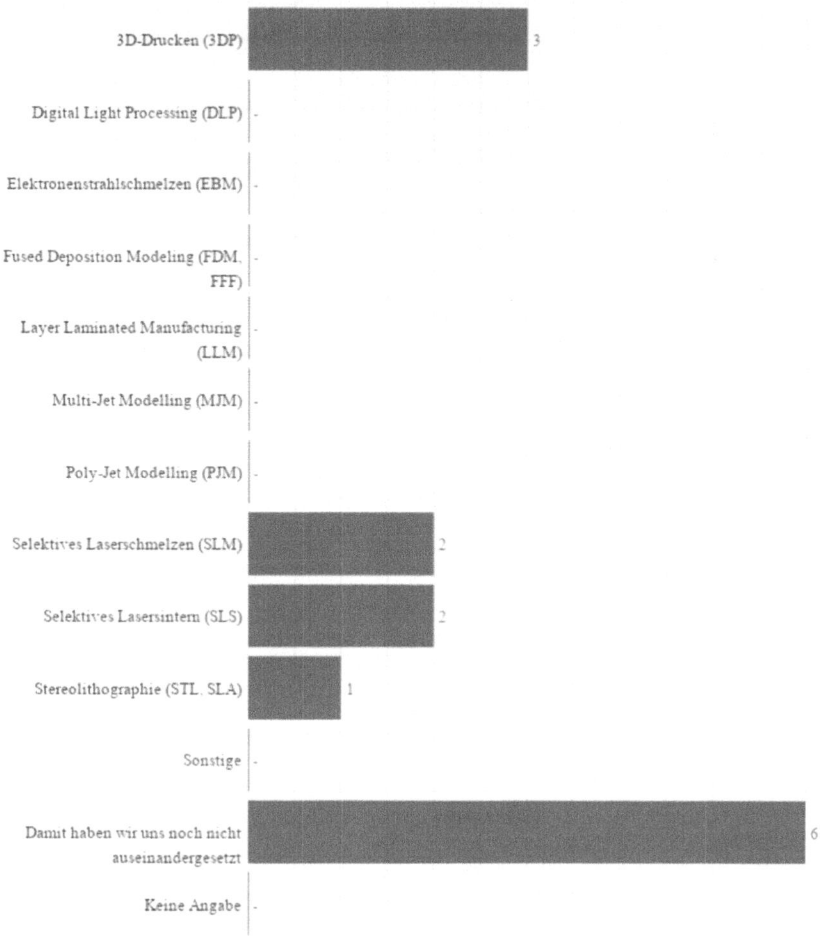

Bitte bewerten Sie die folgenden Potenziale durch additive Fertigungsverfahren für Ihr Unternehmen von 0 (sehr gering) bis 5 (sehr hoch)?

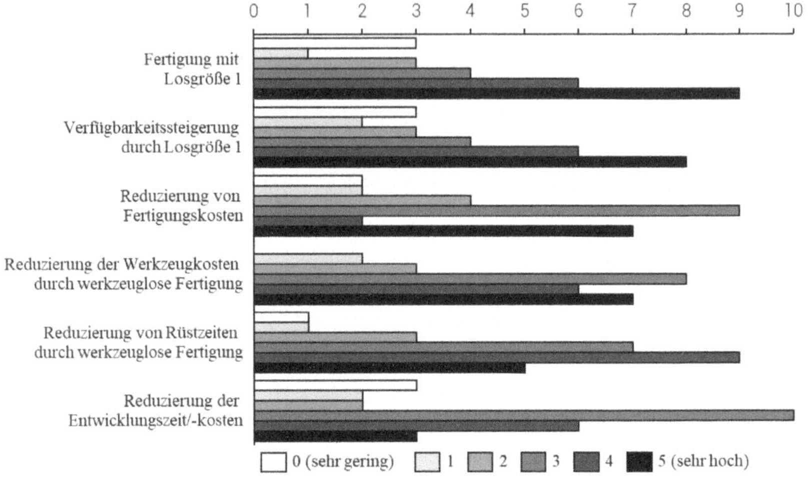

Bitte bewerten Sie die folgenden Potenziale durch additive Fertigungsverfahren für Ihr Unternehmen von 0 (sehr gering) bis 5 (sehr hoch)?

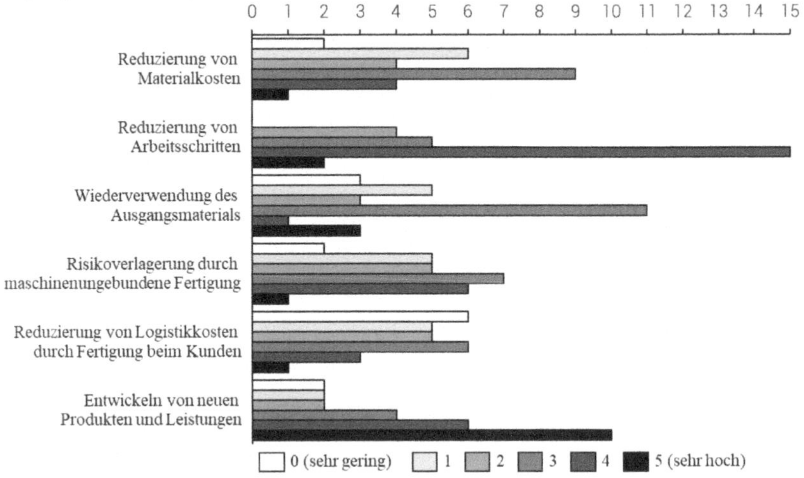

Bitte bewerten Sie die folgenden Potenziale durch additive Fertigungsverfahren für Ihr Unternehmen von 0 (sehr gering) bis 5 (sehr hoch)?

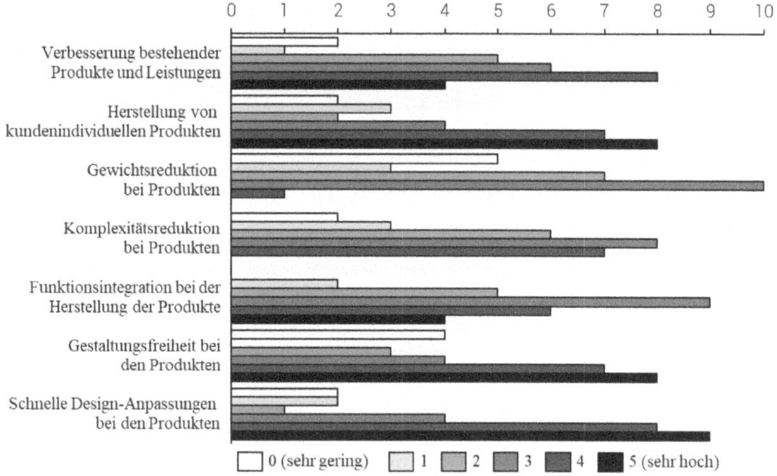

Bitte bewerten Sie die folgenden Potenziale durch additive Fertigungsverfahren für Ihr Unternehmen von 0 (sehr gering) bis 5 (sehr hoch)?

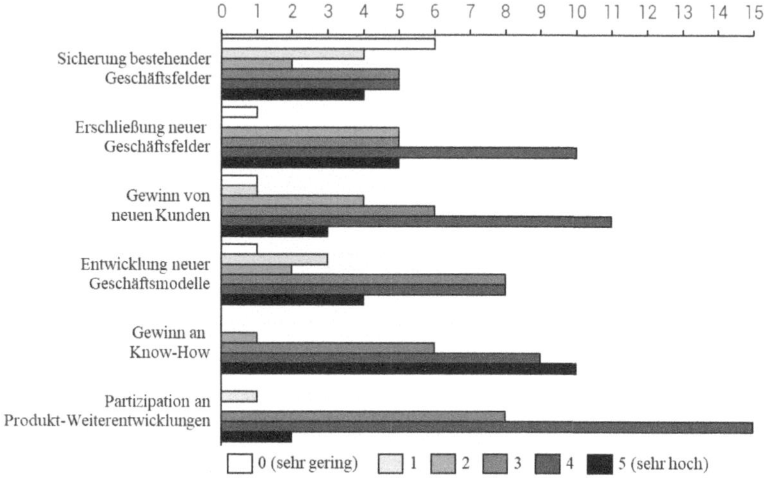

Bitte bewerten Sie die folgenden Herausforderungen bei der Einführung additiver Fertigungsverfahren in Ihrem Unternehmen von 0 (sehr gering) bis 5 (sehr hoch)?

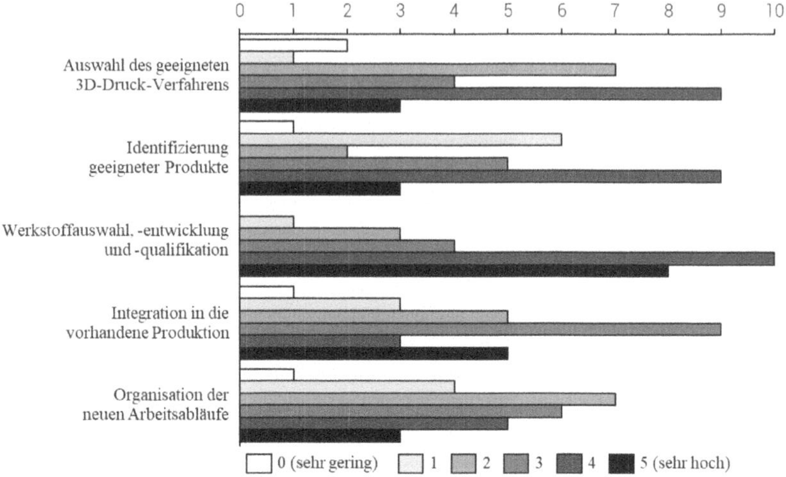

Bitte bewerten Sie die folgenden Herausforderungen bei der Einführung additiver Fertigungsverfahren in Ihrem Unternehmen von 0 (sehr gering) bis 5 (sehr hoch)?

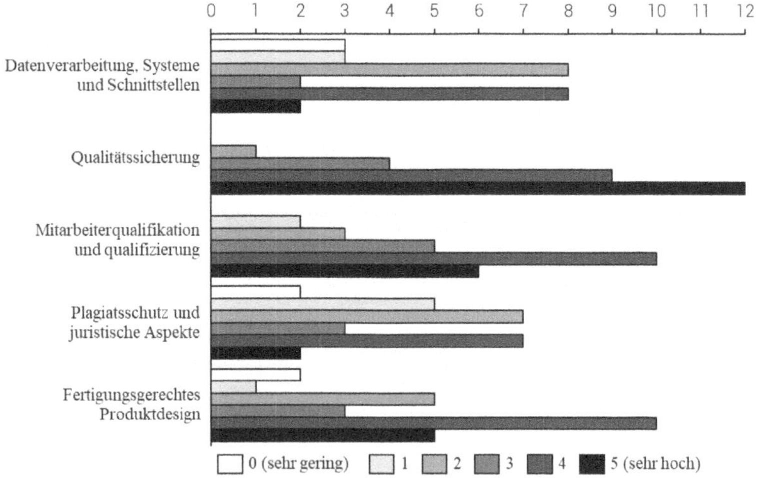

3.3 - Notwendigkeit einer Eignungsanalyse

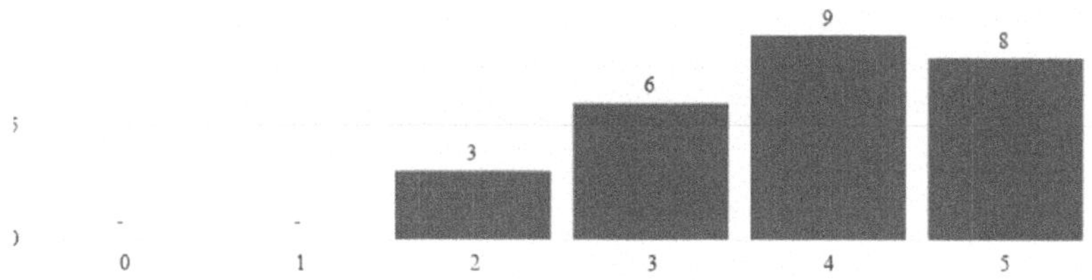

Bitte bewerten Sie die folgenden Handlungsfelder zu additiven Fertigungsverfahren von 0 (sehr gering) bis 5 (sehr hoch)?

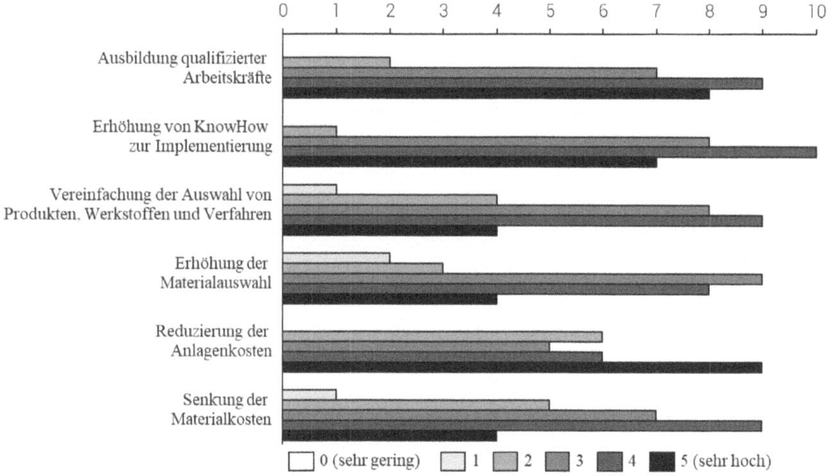

Bitte bewerten Sie die folgenden Handlungsfelder zu additiven Fertigungsverfahren von 0 (sehr gering) bis 5 (sehr hoch)?

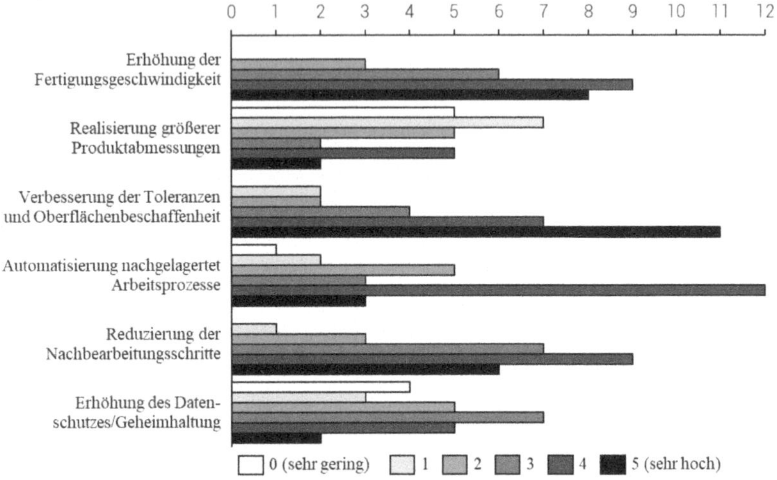

4.1 - Welche Funktion haben Sie in Ihrem Unternehmen?

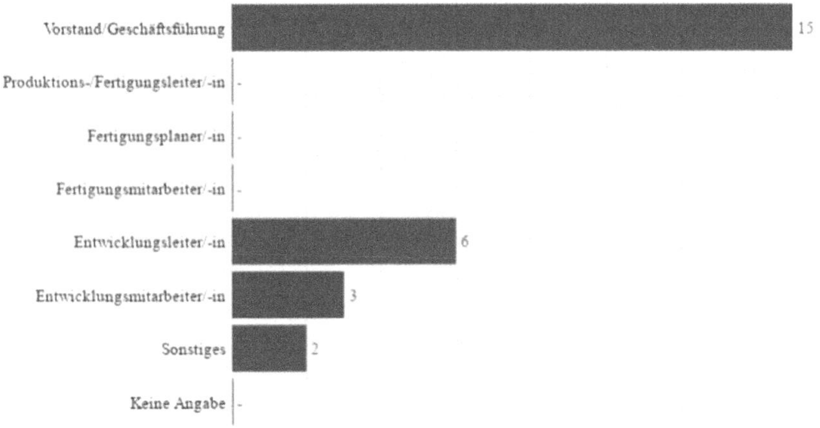

4.2 - Über wie viele Jahre Berufserfahrung verfügen Sie im Bereich der Medizintechnik?

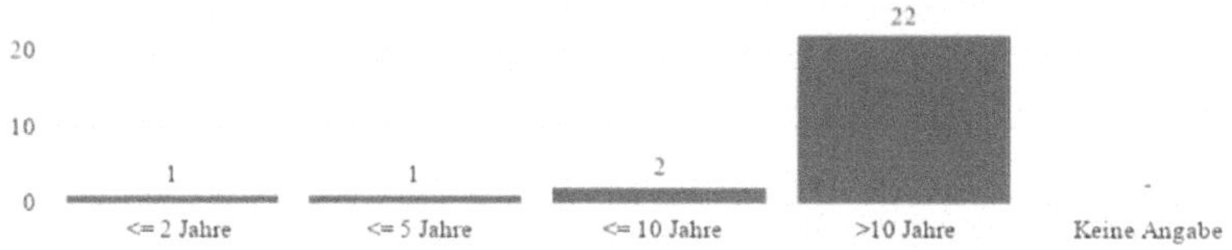

Bitte nehmen Sie Stellung zu den folgenden Aussagen

4.3 - Die hier aufgeführten Fragen waren für mein Tätigkeitsfeld relevant.

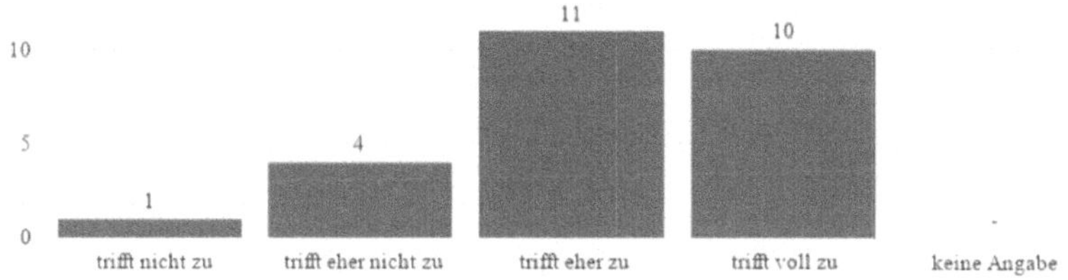

4.4 - Ich habe Anregungen für den Einsatz von additiven Fertigungsverfahren bei der Herstellung von Medizinprodukten erhalten.

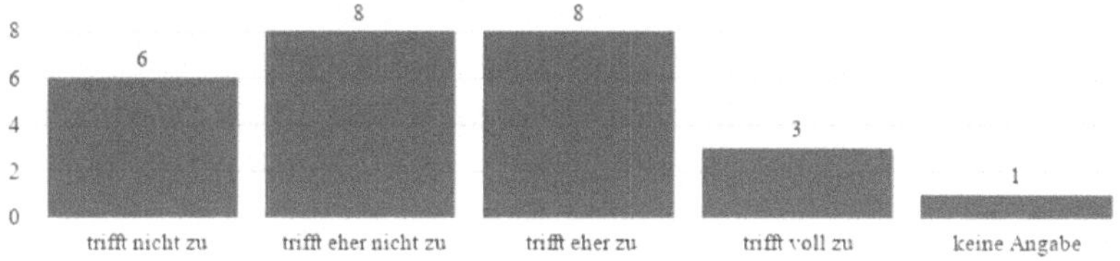

4.5 - Bei der Beantwortung der Fragen habe ich mich kompetent gefühlt.

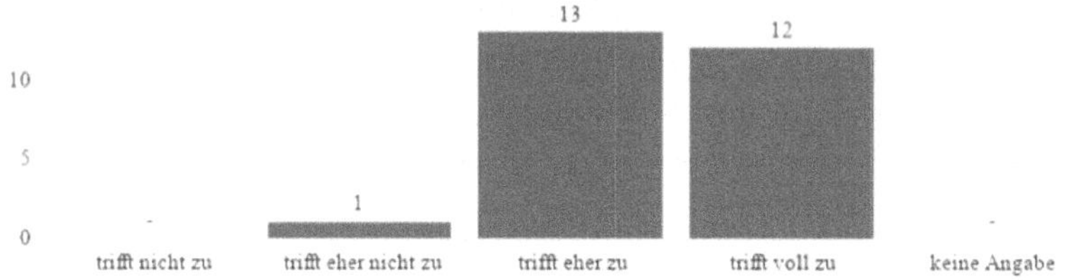

E Gedächtnisprotokolle der qualitativen Interviews

Qualitatives Interview Nr. 1

Strukturdaten des Unternehmens:

- Mitarbeiter: 50 bis 249
- Produkte: Chirurgische Instrumente
- Erfahrung mit additiver Fertigung: Fertigen bereits Prototypen

Was sind aus ihrer Sicht die größten Hindernisse, um additive Fertigungsverfahren in Ihrem Unternehmen einzuführen / was müsste sich ändern, damit Sie 3D-Druck in Ihrem Unternehmen einführen?

Die Oberflächen der gefertigten Produkte müssen besser werden, sodass keine Nachbearbeitung mehr notwendig ist. Dazu muss die Geschwindigkeit der Fertigung deutlich erhöht werden, um relevant für unsere Serienfertigung zu werden. Ich sehe im Allgemeinen die additive Fertigungstechnologie auch nicht als eine disruptive Technologie, sondern vielmehr als eine komplementäre Technologie zu anderen, herkömmlichen Fertigungsverfahren. Daher bin ich auch der Meinung, dass man mit dieser Technologie mitgehen muss, um am Markt bestehen zu können. Aber damit wir es bei uns stärker in der Fertigung einsetzen, müssen alle Materialien, die wir benötigen, verarbeitbar sein und die Fertigung muss definitiv kostengünstiger werden. Besonders die Einzelvalidierung für jedes Produkt, bei dem ich das Fertigungsverfahren wechsle, ist ein enormer Aufwand und ein großes Hindernis für unser Unternehmen. Diese sollte möglichst ganz entfallen.

Welche Herausforderungen/Probleme erwarten Sie bei der Einführung einer neuen Technologie?

Die größte Herausforderung stellt die Prozessvalidierung und Dokumentation dar. Wenn ich die Produktion eines Medizinproduktes von einer CNC-Fräsbearbeitung auf 3D-Druck umstelle, fallen Validierungsmaßnahmen wie Tests zur Biokompatibilität, toxische Untersuchungen und klinische Studien an. Das ist ein zusätzlicher Aufwand, der mit Kosten verbunden ist.

Welche Besonderheiten weist Ihrer Meinung nach die Medizintechnik auf?

Die Medizintechnikindustrie ist eine traditionelle Branche, die sehr langsam auf neue Technologien reagiert und Veränderungen nur langsam vollzieht. Insgesamt ist es keine homogene Industrie. Es gibt sowohl kleine Manufakturen als auch große Hersteller, Handwerksbetriebe sowie Industriebetriebe und Betriebe mit kundenindividueller Fertigung und Massenfertigung. Alles in allem eine sehr inhomogene Branche. Im Bezug auf additive Fertigung ist meiner Meinung nach noch nicht alles bekannt, was in der Medizintechnik möglich ist.

Qualitatives Interview Nr. 2

Strukturdaten des Unternehmens:

- Mitarbeiter: 10 bis 49
- Produkte: Chirurgische Instrumente, Containersysteme, elektromedizinische Geräte
- Erfahrung mit additiver Fertigung: Fertigen bereits Prototypen und Endprodukte in Kleinserie

Was sind aus ihrer Sicht die größten Hindernisse, um additive Fertigungsverfahren in Ihrem Unternehmen einzuführen / was müsste sich ändern, damit Sie 3D-Druck in Ihrem Unternehmen einführen?

Die hohen Anschaffungskosten müssen sich reduzieren, damit wir uns weitere additiv fertigende Maschinen zulegen. Zudem muss das Kundeninteresse bestehen, dass diese additiv gefertigte Produkte nachfragen. Denn so lange die Kunden keine additiv gefertigten Produkte nachfragen, gibt es keine Aufträge und damit auch kein Bedarf für uns noch weitere Maschinen anzuschaffen. Bei der Herstellung von Implantaten gibt es einen Boom in Bezug auf die additive Fertigung. Bei chirurgischen Instrumenten ist momentan jedoch nur die Herstellung von Prototypen und ggf. die Fertigung von Kleinserien interessant. Meiner Meinung nach sind vor allem die Folgeprozesse entscheidend für den Erfolg. Wir haben alle Folgeprozesse wie z.B. das Härten im Haus und können darauf zurückgreifen. Damit wird auch eine additive Fertigung interessanter.

Welche Potenziale bieten additive Fertigungsverfahren für Ihr Unternehmen?

Die additiven Fertigungsverfahren ergänzen unsere vorhandenen Fertigungsverfahren. Wir erhoffen uns dabei einen Technologievorsprung gegenüber dem Wettbewerb und ein besseres Wissen über die verwendbaren Materialien. Das größte Potenzial sehe ich bei Baugruppen mit 20-25 Teilen und Kleinserien mit 20-30 Stück. Uns ist es vor allem wichtig, die Entwicklungszeiten zu reduzieren. Wenn wir beispielsweise einen Prototyp konventionell herstellen, stört das den normalen Produktionsprozess. Durch die Anschaffung des Druckers ist dies deutlich einfacher mit dem normalen betrieb zu vereinbaren. Dabei gibt es von Seiten der Hersteller viel Unterstützung besonders zu Beginn.

Die Validierung unserer Medizinprodukte, die wir additiv herstellen sehe ich nicht als Problem. Wir haben aktuell seit einem Jahr eine Validierung im Gange und sind guter Dinge, dass diese positiv ausfallen wird. Das Endziel muss natürlich sein, dass chirurgische Instrumente mit CE-Kennzeichen und Validierung vom 3D-Drucker direkt einsetzbar im OP sind. Aber davon sind wir momentan noch ein gutes Stück weit entfernt.

Qualitatives Interview Nr. 3

Strukturdaten des Unternehmens:

- Mitarbeiter: 10 bis 49
- Produkte: Chirurgische Instrumente, Sonstiges
- Erfahrung mit additiver Fertigung: Nein

Was sind aus ihrer Sicht die größten Hindernisse, um additive Fertigungsverfahren in Ihrem Unternehmen einzuführen / was müsste sich ändern, damit Sie 3D-Druck in Ihrem Unternehmen einführen?

Das Drucken von Produkten mit additiven Fertigungsverfahren ist momentan meiner Meinung nach nur für Einzelstücke ausgelegt. Das Programm, das bei uns dafür verwendet wird, ist noch nicht ausgereift genug und Stützkonstruktionen müssen momentan noch selbst konstruiert werden. Die Entfernung der Produkte von der Bauplatte ist zeitaufwändig und der Materialwechsel zwischen den verschiedenen Kunststoffarten ist momentan noch umständlich.

Welche Besonderheiten weist Ihrer Meinung nach die Medizintechnik auf?

Aufgrund der vielen notwendigen Tests ist meiner Meinung nach die additive Fertigung in der Medizintechnik nur bei Prototypen sinnvoll. Dazu werden aussagekräftige Datenblätter benötigt mit Informationen wie bspw. Die Wasseraufnahme und Sprödigkeit der verwendeten Kunststoffe. Interessant wird allerdings die Verarbeitung von Verbundwerkstoffen für medizinische Produkte.

Qualitatives Interview Nr. 4

Strukturdaten des Unternehmens:

- Mitarbeiter: 50 bis 249
- Produkte: Chirurgische Instrumente, Containersysteme, Einmalartikel, Implantate/Implantatsysteme
- Erfahrung mit additiver Fertigung: Fertigen bereits Prototypen

Was sind aus ihrer Sicht die größten Hindernisse, um additive Fertigungsverfahren in Ihrem Unternehmen einzuführen / was müsste sich ändern, damit Sie 3D-Druck in Ihrem Unternehmen einführen?

Die Entwicklung dieser additiven Fertigungsverfahren ist noch nicht am Ende. Es gibt momentan eine schnelle Weiterentwicklung der Maschinen. Wenn man heute einen 3D-Drucker kauft ist dieser morgen schon veraltet. Deshalb warten wir momentan mit der Investition in einen Drucker ab, bis die Technologie weiter ausgereift ist. Momentan gibt es bei den verfügbaren Materialien keine Sicherheit in Bezug auf deren Eigenschaften. Dies liegt vor allem daran, dass die Materialien an den jeweiligen Drucker angepasst sind und due Hersteller die Materialien benenne, wie sie wollen. Das eignet sich natürlich nicht für eine Anwendung in der Medizintechnik.

Welche Herausforderungen/Probleme erwarten Sie bei der Einführung einer neuen Technologie?

Die Validierung und Qualifizierung der Maschinen und des Materials ist ein großes Thema. Da müssen wir noch warten, bis die Hersteller von Materialien und Maschinen so weit sind und den Ansprüchen der Medizintechnik entsprechen.

Welche Besonderheiten weist Ihrer Meinung nach die Medizintechnik auf?

Die Branche ist geprägt von verschiedenen gesetzlichen Vorschriften, Haftungsfragen und Regelungen zur Rückverfolgbarkeit. Das wird auch bei der Einführung der additiven Fertigungstechnologien ein großes Thema werden.

Welche Potenziale bieten additive Fertigungsverfahren für Ihr Unternehmen?

Die Technologie wird in den nächsten 10 Jahren die Produktion revolutionieren. Das wird eine ähnliche Entwicklung wie beim Fax geben. Momentan lassen wir im Ersatzteilbereich schon Teile außerhalb drucken. Das Potenzial sehen wir deshalb definitiv.

Qualitatives Interview Nr. 5

Strukturdaten des Unternehmens:

- Mitarbeiter: 10 bis 49
- Produkte: Chirurgische Instrumente
- Erfahrung mit additiver Fertigung: Nein

Was sind aus ihrer Sicht die größten Hindernisse, um additive Fertigungsverfahren in Ihrem Unternehmen einzuführen / was müsste sich ändern, damit Sie 3D-Druck in Ihrem Unternehmen einführen?

Damit wir additive Fertigungsverfahren in unserer Produktion einführen muss das von Kundenseite aus gefordert werden. Wenn der Inverkehrbringer der Instrumente ein CNC gefrästes Teil haben möchte, dann ist daran nichts zu ändern. Sobald die Instrumente anders gefertigt werden sollen, müssen wir über eine Einführung nachdenken.

Welche Herausforderungen/Probleme erwarten Sie bei der Einführung einer neuen Technologie?

Dir größte Herausforderung wird sicherlich die Zulassung der neuen Produkte werden. Außerdem ist die Zertifizierung des Materials ein wichtiges Thema, ohne das es nicht möglich ist, Medizinprodukte herzustellen.

Qualitatives Interview Nr. 6

Strukturdaten des Unternehmens:

- Mitarbeiter: 10 bis 49
- Produkte: Chirurgische Instrumente
- Erfahrung mit additiver Fertigung: Fertigen bereits Endprodukte in Kleinserie

Was sind aus ihrer Sicht die größten Hindernisse, um additive Fertigungsverfahren in Ihrem Unternehmen einzuführen / was müsste sich ändern, damit Sie 3D-Druck in Ihrem Unternehmen einführen?

Unser Produktportfolio ist sehr eingefahren und wir haben momentan kein Bedarf an der additiven Fertigungstechnologie. Vor allem fehlen uns Informationen, wie wir bei so einer Umstellung vorzugehen haben und ob es überhaupt für unsere Produkte in Frage kommt.

Welche Herausforderungen/Probleme erwarten Sie bei der Einführung einer neuen Technologie?

Ein Wechsel zwischen den Produktionsverfahren ist nicht so einfach wie in anderen Branchen. Die Zulassung wird durch die neuen Medizinprodukteverordnungen immer schwieriger und hemmt so die Entwicklungstätigkeit. Deswegen besteht aktuell in unserem Unternehmen kein Interesse an dieser Technologie.

Qualitatives Interview Nr. 7

Strukturdaten des Unternehmens:

- Mitarbeiter: 10 bis 49
- Produkte: Chirurgische Instrumente
- Erfahrung mit additiver Fertigung: Nein

Was sind aus ihrer Sicht die größten Hindernisse, um additive Fertigungsverfahren in Ihrem Unternehmen einzuführen / was müsste sich ändern, damit Sie 3D-Druck in Ihrem Unternehmen einführen?

Die Fertigung mit additiven Fertigungsverfahren ist momentan noch zu langsam und zu teuer, sodass sie für uns derzeit nicht in Frage kommt. Nicht zu unterschätzen ist dabei auch die Qualifizierung unserer Mitarbeiter, die keine Erfahrung mit dieser Technologie haben und erst einmal umgeschult werden müssen.

Welche Herausforderungen/Probleme erwarten Sie bei der Einführung einer neuen Technologie?

Änderungen im Fertigungsprozess sind sehr aufwändig. Es werden klinische Tests und Langzeittests notwendig. Es müssen Muster an Ärzte geschickt werden, welche die Tauglichkeit der Instrumente überprüfen müssen. Das ist sehr aufwändig, teuer und kostet Zeit.

Qualitatives Interview Nr. 8

Strukturdaten des Unternehmens:

- Mitarbeiter: 50 bis 249
- Produkte: Chirurgische Instrumente
- Erfahrung mit additiver Fertigung: Nein

Was sind aus ihrer Sicht die größten Hindernisse, um additive Fertigungsverfahren in Ihrem Unternehmen einzuführen / was müsste sich ändern, damit Sie 3D-Druck in Ihrem Unternehmen einführen?

Damit wir additive Fertigungsverfahren einsetzen muss sich erst einmal die Oberflächenqualität und die Maßgenauigkeit der gefertigten Bauteile erhöhen. Zudem sind die Anschaffungskosten und die Betriebskosten momentan noch zu hoch. Außerdem ist in unserem kleinen Betrieb noch keinerlei Wissen über die additive Fertigung vorhanden. Dies muss zunächst aufgebaut werden, denn man kann ja nicht einfach einen Drucker kaufen und anfangen zu produzieren. Zudem kommt noch dazu, dass bisher nur wenige Materialsorten verfügbar sind und viele Materialien, die wir verarbeiten sind momentan noch nicht verfügbar. Da muss sich erst noch etwas tun, bevor es für uns in Frage kommt.

Welche Herausforderungen/Probleme erwarten Sie bei der Einführung einer neuen Technologie?

Ich denke, dass die Implementierung der additiven Fertigungstechnologie sehr lange dauern wird. Speziell auf unsere Produkte bezogen kommen sehr hohe Laborkosten, Tests und klinische Studien auf uns zu. Die Standards um neue Technologien standardmäßig zu etablieren sind in der Medizintechnik sehr hoch. Momentan fehlen uns zudem die fachlichen und personellen Ressourcen, um momentan eine neue Fertigungstechnologie einzuführen.

Welche Potenziale bieten additive Fertigungsverfahren für Ihr Unternehmen?

Die Technologie birgt für uns sicher Potenziale für die Prototypenfertigung. Damit kann man sehr schnell sehen, wie das Instrument funktioniert, ohne dass man dieses mit relativ teuren Fräsvorgängen einzeln fertigen muss. Zudem würden dann unsere CNC-Bearbeitungszentren nicht blockiert werden und könnten sich um die Fertigung der anderen Produkte kümmern. Was den Prototypen anbelangt kann auch viel schneller ein Ergebnis erwartet werden, wenn wir diesen mit additiven Verfahren herstellen.

F Gedächtnisprotokolle der Experteninterviews zur Validierung der Eignungsanalyse

Interviewort: Messe Erfurt, Rapid.Tech + FabCon 3.D

Datum: 05. Juni 2018

Ziel: Expertenmeinungen zum Vorgehensmodell einholen, um dieses zu validieren

Experteninterview Nr. 1 (Vertreter eines Dienstleisters der additiven Fertigung)

Wie bewerten Sie das Vorgehensmodell zur Eignungsanalyse additiver Fertigung?

Das Vorgehensmodell ist sicherlich hilfreich für Unternehmen, die ein Interesse an der additiven Fertigung besitzen und bisher noch nicht viel Erfahrung in diesem Bereich haben. Gerade bei dieser Entscheidung für oder gegen den Einsatz additiver Fertigungsverfahren ist die ganzheitliche Betrachtung sehr wichtig, was in der Darstellung ja so gezeigt wird. Wichtig ist, dass man dabei vom gewünschten Ergebnis her denkt. Was will ich am Ende haben und wie komme ich dort hin? Ich muss also wissen, wie das gewünschte Produkt aussehen muss und welche Eigenschaften ich haben möchte. Wenn mir das bewusst ist, kann die Fertigungs- und Materialauswahl erfolgen. So interpretiere ich auch den Aufbau des Modells. Also für mich sind soweit alle wichtigen Aspekte abgebildet.*Wo sehen Sie Verbesserungsbedarf?*

Die Auswahl des geeigneten Produktes zur additiven Fertigung wird sich schwierig gestalten. Wichtig ist zum Beispiel auch, ob ich es nachbearbeiten kann. Aber da kann ein 3D-Druck Dienstleister sicher hilfreich sein.

Dieser kann auch bei der Material- und Verfahrensauswahl behilflich sein. Diese Interaktion mit dem 3D-Druck Dienstleister wird so noch nicht deutlich.

Experteninterview Nr. 2 (Gründer eines Unternehmens der additiven Fertigung)

Wie bewerten Sie das Vorgehensmodell zur Eignungsanalyse additiver Fertigung?

Der beschriebene Weg an sich ist gut und alle Aspekte, die wichtig sind für diese Entscheidung sind meiner Meinung nach dargestellt. Die dargestellte Reihenfolge ergibt so durchaus Sinn. Meistens wird zunächst das Produkt, dann das Fertigungsverfahren und abschließend das Material ausgewählt. Es ist aber sinnvoll, die Verfahrens- und Materialauswahl nicht festzulegen, da es doch immer auf den Einzelfall ankommt und manchmal auch ein bestimmtes Material benötigt wird und demnach das Verfahren ausgewählt werden muss.

Wo sehen Sie Verbesserungsbedarf?

Eine erste Wirtschaftlichkeitsanalyse sollte schon bei der Produktauswahl getroffen werden. Die Unternehmen werden immer von den Kosten her kommen. Die Einsparung von Kosten ist für Unternehmen das zentrale Ziel und deshalb steht aus Unternehmenssicht die Wirtschaftlichkeit stets im Fokus. Das muss deshalb schon bei der Produktauswahl beachtet werden.

Experteninterview Nr. 3 (Mitarbeiter eines Forschungsinstituts)

Wie bewerten Sie das Vorgehensmodell zur Eignungsanalyse additiver Fertigung?

Die Punkte, die genannt werden, sind alle sinnvoll bei einer Analyse zur Eignung von 3D-Druck. So ein Vorgehen, um sich für oder gegen die additive Fertigung zu entscheiden, ist dabei immer anwendungsfallabhängig, was teilweise durch die individuelle Anpassung von Material- und Verfahrensauswahl deutlich wird.

Wo sehen Sie Verbesserungsbedarf?

Interessant wäre sicher verschiedene Anwendungsfelder und Szenarien zu ermitteln, wann dieses Modell angewendet werden kann und wann eine Anwendung am meisten Sinn ergibt und den Unternehmen einen möglichst großen Mehrwert liefert.

Experteninterview Nr. 4 (Gründer eines Unternehmens der additiven Fertigung)

Wie bewerten Sie das Vorgehensmodell zur Eignungsanalyse additiver Fertigung?

Ich denke, dass unsere Kunden auf diese Weise immer vorgehen sollten und es auch teilweise schon tun. Dadurch sind zumindest alle wesentlichen Punkte abgedeckt. Bei uns ist es meistens so, dass mit dem ausgewählten Produkt zunächst das Verfahren und dann das Material ausgesucht wird. Wobei es da sicherlich auch andere Herangehensweisen gibt.

Wo sehen Sie Verbesserungsbedarf?

Meiner Meinung nach ist das Produkt nie komplett im Voraus festgelegt. Der Dienstleister, der den Prototypen druckt, wird sicherlich noch weitere Anregungen zur Fertigung des Produktes und möglichen Anpassungen haben. Darüber hinaus kann er sicherlich auch bei den Materialien mit seiner Expertise beratend zur Seite stehen und dem Unternehmen so Hilfestellungen geben.

G Produkteignungsmatrix für den Rod Rocker

Tabelle 18: Produkteignungsmatrix für den Rod Rocker
Quelle: Eigene Darstellung

Bereich	Kriterium	trifft nicht zu	trifft eher nicht zu	trifft eher zu	trifft zu
Technik und Entwicklung	Hohe Verfügbarkeit digitaler 3D-Daten				X
	Geringe Kosten für die Aufbereitung der 3D-Daten				X
	Verfügbarkeit über die Rechte am Design				X
	Hohe Potenziale durch Substitution des konventionellen Rohstoffs				X
	Hohe Potenziale durch Gewichtsreduktion			X	
	Hohe Potenziale durch Funktionsintegration	X			
	Hohe geometrische Komplexität des Teils	X			
Beschaffung	Geringe Verfügbarkeit der Bezugsquelle		X		
	Hohes Lieferrisiko des Lieferanten		X		
	Hohe Fehlmengenkosten	X			
	Hohe Verschrottungskosten am Ende des Produkt-Lebenszyklus		X		
Produktion	Hohe Kosten für Werkzeuge und Formen				X
	Hohe Rüstkosten			X	
	Geringe Stückzahl			X	
	Hohe Anzahl der Produktionsschritte				X
	Hoher Lohnanteil an Herstellkosten (hoher Anteil manueller Montageschritte)				X
	Hohe Komplexität der Fertigung				X
	Hoher Anteil externer Lohnfertiger			X	
	Kurzer Lebenszyklus der Produkte	X			
	Auftragsbezogene, kundenindividuelle Fertigung			X	
	Große Produktvariantenvielfalt			X	
	Hoher Ausschussanteil (z.B. Späne)			X	
	Hohe Bestände bzw. Lagerkosten		X		
Distribution	Schlechte Prognostizierbarkeit der Nachfrage				X
	Verpflichtung zur langjähriger Verfügbarkeit der Teile	X			
	Hohe Frachtkosten in der Distribution		X		
	Hohe Zollkosten in der Distribution		X		

Eignung des ausgewählten Produktes zur additiven Fertigung:

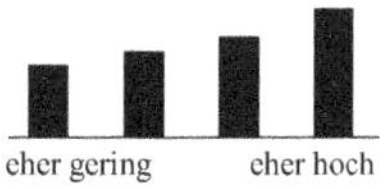

H Verfahrensauswahl für den Rod Rocker

Paarweiser Vergleich

Kriterium	Auflösung, Genauigkeit	Oberflächenqualität	Belastbarkeit des Drucks	Temperaturbeständigkeit	Haltbarkeit des Drucks	Farbenvielfalt	Anschaffungskosten	Kosten je Druck	Druckgeschwindigkeit	Betriebskosten	Nachhaltigkeit	Recyclingfähigkeit	Eignung für Kleinserie	Summe	Gewichtung	Rangfolge
Auflösung, Genauigkeit		0,5	0,5	0,5	1	1	1	0	1	1	1	1	1	9,5	**0,12**	**3**
Oberflächenqualität	0,5		1	1	1	1	1	1	1	1	1	1	0,5	11	**0,14**	**1**
Belastbarkeit des Drucks	0,5	0		1	1	1	1	1	1	1	1	1	1	10,5	**0,13**	**2**
Temperaturbeständigkeit	0,5	0	0		1	1	1	1	1	1	1	1	1	9,5	**0,12**	**3**
Haltbarkeit des Drucks	0	0	0	0		1	1	1	1	1	1	1	1	8	**0,10**	**5**
Farbenvielfalt	0	0	0	0	0		0	0	0	0	0	0	0	0	**0,00**	**13**
Anschaffungskosten	0	0	0	0	0	1		0	0	0	0	0	0	1	**0,01**	**12**
Kosten je Druck	1	0	0	0	0	1	1		1	1	1	1	0	7	**0,09**	**7**
Druckgeschwindigkeit	0	0	0	0	0	1	1	0		0	1	1	0	4	**0,05**	**9**
Betriebskosten	0	0	0	0	0	1	1	0	1		1	1	0	5	**0,06**	**8**
Nachhaltigkeit	0	0	0	0	0	1	1	0	0	0		0,5	0	2,5	**0,03**	**10**
Recyclingfähigkeit	0	0	0	0	0	1	1	0	0	0	0,5		0	2,5	**0,03**	**10**
Eignung für Kleinserie	0	0,5	0	0	0	1	1	1	1	1	1	1		7,5	**0,10**	**6**
Summe														**78**	**1,00**	

Gewichtung

0 ist weniger wichtig als
0,5 ist gleich wichtig wie
1 ist wichtiger als

Abbildung 50: Paarweiser Vergleich für den Rod Rocker
Quelle: Eigene Darstellung

Nutzwertanalyse

SLS		SLM		EBM		3DP		FDM		LOM		MJM		STL, SLA		PJM		DLP	
2		1		3		10		6		9		7		5		8		4	
Materialien: Metall Keramik Kunststoff		Materialien: Metall Keramik Kunststoff		Materialien: Metall		Materialien: Metall Keramik Kunststoff		Materialien: Kunststoff Wachs		Materialien: Metall Keramik Kunststoff		Materialien: Harz Wachs		Materialien: Harz		Materialien: Harz		Materialien: Harz	
Bewertung	Gewichtete Bewertung	Bewertung	Gewichtete Bewertung	Bewertung	Gewichtete Bewertung	Bewertung	Gewichtete Bewertung	Bewertung	Gewichtete Bewertung	Bewertung	Gewichtete Bewertung	Bewertung	Gewichtete Bewertung	Bewertung	Gewichtete Bewertung	Bewertung	Gewichtete Bewertung	Bewertung	Gewichtete Bewertung
8	0,97	8	0,97	8	0,97	4	0,49	2	0,24	4	0,49	8	0,97	10	1,22	10	1,22	10	1,22
4	0,56	4	0,56	2	0,28	2	0,28	4	0,56	2	0,28	10	1,41	10	1,41	10	1,41	10	1,41
8	1,08	10	1,35	10	1,35	2	0,27	6	0,81	2	0,27	4	0,54	4	0,54	4	0,54	4	0,54
8	0,97	10	1,22	10	1,22	4	0,49	6	0,73	2	0,24	4	0,49	4	0,49	4	0,49	4	0,49
10	1,03	10	1,03	10	1,03	2	0,21	10	1,03	6	0,62	8	0,82	8	0,82	8	0,82	8	0,82
2	0,00	0	0,00	0	0,00	8	0,00	10	0,00	8	0,00	4	0,00	4	0,00	10	0,00	4	0,00
4	0,05	2	0,03	2	0,03	6	0,08	10	0,13	6	0,08	8	0,10	4	0,05	8	0,10	6	0,08
6	0,54	2	0,18	2	0,18	8	0,72	10	0,90	10	0,90	4	0,36	6	0,54	4	0,36	6	0,54
8	0,41	8	0,41	10	0,51	6	0,31	6	0,31	2	0,10	4	0,21	6	0,31	4	0,21	6	0,31
4	0,26	2	0,13	2	0,13	8	0,51	10	0,64	10	0,64	6	0,38	6	0,38	6	0,38	6	0,38
6	0,19	6	0,19	6	0,19	2	0,06	8	0,26	2	0,06	8	0,26	2	0,06	2	0,06	2	0,06
6	0,19	6	0,19	6	0,19	10	0,32	6	0,19	2	0,06	6	0,19	2	0,06	2	0,06	2	0,06
10	0,96	10	0,96	10	0,96	6	0,58	10	0,96	6	0,58	10	0,96	10	0,96	10	0,96	10	0,96
	7,22		7,22		7,04		4,31		6,76		4,32		6,69		6,85		6,62		6,87

Bewertung
- 10 sehr gut
- 8 gut
- 6 befriedigend
- 4 ausreichend
- 2 mangelhaft
- 0 ungenügend

Abbildung 51: Nutzwertanalyse für den Rod Rocker
Quelle: Eigene Darstellung

I Kalkulation der Herstellung von 10 Rod Rocker

Tabelle 19: Detaillierte Kalkulation von 10 Rod Rocker bei herkömmlicher Herstellung
Quelle: Eigene Darstellung

Kostenrechnung herkömmliche Herstellung von 10 Rod Rocker									
Pos.	Arbeitsgang	Fertigungsort	Mitarbeiterzeit in Minuten	Stundensatz Mitarbeiter	Mitarbeiterkosten	Maschinenstundensatz	Maschinenkosten	Werkzeugkosten	Außer-Haus-Kosten
1	Programmierung CNC	Im Haus	240	57,00 €	228,00 €				
2	Material sägen auf 189mm	Im Haus	10	57,00 €	9,50 €	5,00 €	0,83 €		
3	Maschine einrichten	Im Haus	210	57,00 €	199,50 €	32,00 €	112,00 €		
4	Ersteil prüfen laut Prüfplan DOK 39	Im Haus	30	57,00 €	28,50 €	32,00 €	16,00 €		
5	Bearbeiten und IN-Prozessprüfung laut DOK	Im Haus	120	57,00 €	114,00 €	32,00 €	128,00 €	374,00 €	
6	Ringteile Sperre fräsen, Ringe & Branchen schleifen und polieren								
7	Ringteile ablängen, Maulteile und Ringteile WIG-Schweißen	Außer-Haus	k.A.						359,00 €
8	Schluss durchstecken								
9	Schluss feilen, Kanten brechen	Im Haus	30	50,00 €	25,00 €				
10	Schlußniet WIG-Schweißen	Außer-Haus	k.A.						11,00 €
11	Querstift Ø4,0 mm fertigen	Im Haus	90	50,00 €	75,00 €	5,00 €	5,00 €		
12	Querstift laserschweißen	Im Haus	60	50,00 €	50,00 €	5,00 €	4,58 €		
13	Maulteil und Ringe richten gemäß Zeichnun	Im Haus	30	50,00 €	25,00 €				
14	Zange härten und anlassen	Außer-Haus	k.A.						46,00 €
15	Zange komplett polieren, bürsten und mattie	Im Haus	180	50,00 €	150,00 €	1,50 €	4,50 €		
16	Zange komplett sandstrahlen	Im Haus	30	50,00 €	25,00 €	2,50 €	1,25 €		
17	Teile ultraschallreinigen und passivieren	Im Haus	30	50,00 €	25,00 €	1,50 €	0,75 €		
18	Zange laserbeschriften	Außer-Haus	k.A.						25,00 €
19	Kurzpassivieren	Im Haus	15	50,00 €	12,50 €	1,50 €	0,38 €		
20	Maßkontrolle	Im Haus	15	60,00 €	15,00 €				
21	Endkontrolle	Im Haus	30	60,00 €	30,00 €				
	Gesamtzeit		**1.120**		**1.012,00 €**	**118,00 €**	**273,29 €**	**374,00 €**	**441,00 €**

Tabelle 20: Detaillierte Kalkulation von 10 Rod Rocker bei additiver Herstellung
Quelle: Eigene Darstellung

Kostenrechnung additive Herstellung von 10 Rod Rocker										
Pos.	**Arbeitsgang**	**Fertigungs-ort**	**Mitarbeiter-zeit in Minuten**	**Stunden-satz Mitarbeiter**	**Mitarbeiter-kosten**	**Maschinen-stundensatz**	**Maschinen-kosten**	**Werkzeug-kosten**	**Außer-Haus-Kosten**
1	Einrichten CAD	Im Haus	120	57,00 €	114,00 €				
2	Einrichten Maschine	Im Haus	5	57,00 €	4,75 €				
3	Rüsten Maschine ohne Materialwechsel	Im Haus	60	57,00 €	57,00 €				
4	Bauteil-Druck	Im Haus	36	57,00 €	34,20 €	100,00 €	6.000,00 €		
5	Entnahme	Im Haus	25	57,00 €	23,75 €				
6	Trennen von Bauplatte	Im Haus	20	57,00 €	19,00 €				
7	Nachbearbeitung (Entfernen von Stützmateri	Im Haus	150	57,00 €	142,50 €				
8	Bauplatte schleifen	Im Haus	60	57,00 €	57,00 €				
9	Siebenpulver	Im Haus	48	57,00 €	45,60 €				
10	Maulteil und Ringe richten gemäß Zeichnun	Im Haus	30	50,00 €	25,00 €				
11	Zange härten und anlassen	Außer-Haus	k.A.						46,00 €
12	Zange komplett polieren, bürsten und mattie	Im Haus	120	50,00 €	100,00 €	1,50 €	3,00 €		
13	Zange komplett sandstrahlen	Im Haus	30	50,00 €	25,00 €	2,50 €	1,25 €		
14	Teile ulltraschallreinigen und passivieren	Im Haus	30	50,00 €	25,00 €	1,50 €	0,75 €		
15	Zange laserbeschriften	Außer-Haus	k.A.						25,00 €
16	Kurzpassivieren	Im Haus	15	50,00 €	12,50 €	1,50 €	0,38 €		
17	Maßkontrolle	Im Haus	15	60,00 €	15,00 €				
18	Endkontrolle	Im Haus	30	60,00 €	30,00 €				
	Gesamtzeit		**794**	**883**	**730,30 €**	**107,00 €**	**6.005,38 €**		**71,00 €**

The manufacturer's authorised representative in the EU is Springer Nature Customer Service Centre GmbH, Europaplatz 3, 69115 Heidelberg, Germany. If you have any concerns regarding our products, please contact ProductSafety@springernature.com

Printed and bound by CPI Group (UK) Ltd, Croydon, CR0 4YY

21/10/2026

02237167-0001